计算机专业教学改革与实践探索

计算机专业教育思想与教育理念

计算机专业教学的改革方向和策略

付江龙 汤光恒 卜晓霞 ◎著

JISUANJI ZHUANYE
JIAOXUE GAIGE
YU SHIJIAN TANSUO

人工智能技术

云计算技术

中国出版集团
中译出版社

图书在版编目(CIP)数据

计算机专业教学改革与实践探索 / 付江龙，汤光恒，卜晓霞著. -- 北京 : 中译出版社，2024. 3

ISBN 978-7-5001-7824-8

Ⅰ. ①计… Ⅱ. ①付… ②汤… ③卜… Ⅲ. ①电子计算机-教学改革-高等学校 Ⅳ. ①TP3

中国国家版本馆CIP数据核字（2024）第067191号

计算机专业教学改革与实践探索
JISUANJI ZHUANYE JIAOXUE GAIGE YU SHIJIAN TANSUO

著　　者：付江龙　汤光恒　卜晓霞
策划编辑：于　宇
责任编辑：于　宇
文字编辑：田玉肖
营销编辑：马　萱　钟筱童
出版发行：中译出版社
地　　址：北京市西城区新街口外大街28号102号楼4层
电　　话：(010) 68002494（编辑部）
邮　　编：100088
电子邮箱：book@ctph.com.cn
网　　址：http://www.ctph.com.cn

印　　刷：北京四海锦诚印刷技术有限公司
经　　销：新华书店
规　　格：787 mm × 1092 mm　1/16
印　　张：11.25
字　　数：224千字
版　　次：2024年3月第1版
印　　次：2024年3月第1次印刷

ISBN 978-7-5001-7824-8　　定价：68.00元

前　言

大数据时代的快速发展，信息技术也在不断创新，当下企业需要理论研究能力和实践应用能力均比较过硬的计算机专业人才。随着高等院校培养出来的计算机专业人才逐步走向社会，社会对高等院校培养出来的计算机人才的使用情况也进行了及时反馈。从反馈的情况来看，当前的高等院校计算机专业传统教学模式存在诸多问题，已经严重影响到计算机专业人才的培养。为了让培养出来的计算机专业人才更好地适应市场经济的发展需要，当前的高等院校必须积极探索和创新专业教学改革，以真正实现培养出社会及市场需要的高素质应用型技能人才的目的。

本书围绕计算机专业教学的改革展开论述。首先阐明了计算机教育的相关定义、计算机专业教育思想与教育理念以及计算机专业教学的改革方向和策略。接着通过对教学设计改革、教学体系改革和核心课程改革等论述了计算机专业教学改革的具体实现路径，探究了以发挥学生主体性和计算思维的计算机专业教学模式。随后探究了计算机专业人才培养模式的改革，同时对人工智能技术、云计算技术以及大数据技术在计算机专业教学中的应用做了一定的介绍。本书对当代计算机教育教学的研究者及其他各界人士也具有很大的帮助和实用参考价值。

本书在写作过程中，为了保证文章的完整性和实用性，编者查阅了很多国内外相关的资料和文献，吸收了大量与之相关的最新研究成果，借鉴了很多专家的观点，在此表示深深的谢意！由于时间仓促和个人能力有限，书中难免存在不足或遗漏之处，请广大读者批评指正！

编者

2024 年 1 月

目　录

第一章　计算机专业教学概述

第一节　计算机教育的相关定义

一、计算机基础教育

计算机是信息技术的基础，应用广泛，发展迅速，几乎国内所有高等学校都开设有计算机专业。

（一）计算机类专业人才培养目标

1. 素质：德智体美全面发展，综合素质好。

2. 知识结构：系统掌握计算机专业基本理论知识，不要求很深但要够用。

3. 能力：熟练掌握计算机某个专业方向的基本理论知识和主流应用技术，具有较强的工程应用和实践能力。

第一条保证学生的综合素质。第二条保证学生向上迁升（如考研）和横向迁移（从一个专业方向转为另一个专业方向）的能力。第三条体现办学特色，保证学生的就业竞争能力。为实现这一目标，必须根据经济社会发展对计算机类专业人才的需要，认真规划专业结构、课程体系，创新人才培养模式。

（二）计算机类专业规划与人才培养方案

专业规划是指根据人才培养总体目标定位，设计并规划本专业具体的人才培养目标和专业方向，制订人才培养方案。现有的专业面太宽，在三年时间内要学到样样精通是不可能的，必须做到有所为有所不为，进行合理的取舍。制订专业规划应遵循以下原则：

一是根据社会经济发展需。有的专业看起来招生很火爆，但很可能几年后人才市场就饱和了，面临毕业就失业的压力。计算机专业是信息技术的基础核心专业，人才需求是长期的，专业规划时应该把握人才需求趋势。根据我们的调查研究，网络工程、嵌入式技术、软件设计与开发、数字媒体技术是未来应用型人才的需求热点。

二是根据学校的专业基础和办学条件。专业基础是指办类似相关专业的经验、师资力量和实验仪器设备。如果有，办起来相对容易；如果一切从头开始，就很困难。设置新的专业方向也一样，由于我们培养的是具有较强的工程应用和实践能力的人才，需要学校投入大量资金建立实验室和实训基地，动辄就是上百万元，没有场地、资金、人力是不行的。

在职业技术教育方面是分方向的，学生不再像以前那样什么都学一点、一样也不精通，而是在校期间集中精力学习一个专业领域，熟练掌握该专业领域的主流应用技术并接受良好的职业技术训练，做到能动手实践，会独立解决应用问题。这样，学生毕业时就不会找不到工作。

（三）当前大学计算机基础教学面临的问题和任务

大学新生入学时所具备的计算机知识差异性很大，来自经济相对发达地区的学生多数对计算机有一定的了解，但认知及技能水平差异很大，参差不齐；而来自一些经济及教育都欠发达地区的学生对计算机的了解又非常少，有的根本就没有接触过计算机。这就导致了大学新生的整体计算机水平严重失衡。进一步分析得知，在具备一定计算机技能的学生中，在大学前所掌握的计算机技能多数仅限于网络的初步应用，如上网收发邮件、聊天及玩游戏，随着中小学信息技术教育的普及，大学计算机基础教育中计算机文化认识层面的教学内容将会逐步下移到中小学，但由于各地区发展的不平衡，在今后相当长的一段时间内，新生入学的计算机水平将会呈现出更大的差异。这使得高校面向大学新生的计算机基础课程教学面临严峻的挑战，既要维持良好的教学秩序，又要照顾到学生的学习积极性，还要保障良好的教学质量和教学效果，这就要求高校在计算机基础教学工作中大胆创新，不断改革教学内容和方法，不断提高教师自身的业务素质。

社会信息化不断向纵深发展，各行各业的信息化进程不断加速。电子商务、电子政务、数字化校园、数字化图书馆等已向我们走来。社会各行业对大学生人才的计算机技能素质要求有增无减，计算机能力已成为衡量大学毕业生业务素质的重要指标之一。大学计算机教育应贯穿整个大学教育。随着全国计算机等级考试的不断深入，计算机等级证书已经成为各行业对人才计算机能力评判的基本标准，这是因为全国计算机等级考试能够较全面地考查和衡量一个人的计算机能力和水平。因此，大学计算机基础教学的改革应以提高学生的计算机能力水平、使学生具备计算机应用能力为目标，具体到教学工作中可依照全国计算机等级考试的要求，合理地在不同专业、不同层次的学生中间广泛开展计算机基础教育。

二、计算机教学目标

计算机基础课程是一门面向全体高校学生的，提供计算机知识、能力和素质等方面教育的公共基础课程。其总体的教学目标是学生通过学习掌握计算机学科的基本知识，应用计算机解决实际问题，并且培养出一定的计算机思维和信息素养。而这一总体目标的实现是建立在以下四点具体教学目标的基础之上：

第一，认识和理解计算机系统及方法。理解计算机系统、网络以及其他相关信息技术的基本知识和原理。理解计算机分析问题和解决问题的基本方法，具体包括算法、编程、数据管理以及信息处理等。

第二，应用计算机技术解决实际问题的能力。应用计算机来解决不同领域问题的方法和方式会有所不同：有的是利用计算机的存储能力对数据进行相关的组织、管理以及分析；有的是利用计算机的多媒体表现能力来更直观、更形象地展示专业问题和数据，有的则是利用计算机的超强计算能力对专业问题进行数值分析计算，还有的是利用计算机的网络传输能力来达到对象的远程控制目的，等等。此外，也有一部分专业要求学生掌握设计并具有开发应用软件的能力。

第三，准确获取、评价并且使用信息的素养。熟知以计算机技术为核心的信息技术对于当今社会经济发展的重要作用以及意义。熟练地掌握并且应用信息技术和工具，准确有效地获取信息，做出正确的评价、分析和发布，同时要具备信息安全意识，规范自己的行为，遵循信息社会的道德准则。

第四，基于信息技术手段的交流和持续学习能力。我们可以熟练地应用计算机及网络进行交流，表达自己的思想观点，传播信息，增长知识以及经验，了解并且掌握信息社会交流与合作的方法。同时，也可以利用互联网平台进行学习，不断掌握新的知识和信息技术，培养持续学习的能力，适应互联网时代的职业发展模式。

三、计算机教学过程

（一）教学过程概念

教学过程是一种程序结构，其教学活动的起始、发展、变化以及结束在不间断地展开。人们对于教学过程的认知也是经过长时间的摸索和探究，不断地发展而来的。随着时间的推移，研究不断深入，人们也逐渐意识到教学过程是复杂并且多样的，其不仅仅是一个认识的过程，也包含了心理活动过程、社会化过程。所以教学过程是认识过程、心理过程和社会化过程的一个复杂综合体。

通过以上表述，我们可以知道教学过程也可以说就是一种特殊的认识过程，也是一种可以促进学生身心发展的过程。在教学过程中，教师有目的、有计划地引导学生，发挥学生主观能动性来进行认识活动，使学生自觉调节自己的兴趣以及情感，逐步掌握计算机知识，全方位提升学生的个人素养。计算机教学过程就是教师教授学生相应的计算机知识和方法，学生进而掌握这些知识以及方法。

（二）教学过程结构

教学过程的结构是指教师教学进程的基本阶段。具体包括以下五个方面。

1. 引发学习动机

这一阶段是教学结构的起始阶段，也称为首要环节。学习动机是学生学习的主要内在动力，通常与兴趣、求知欲以及责任感有机联系。教师在进行计算机教学时应该让学生清楚地理解学习目的，激发学生的责任感，引导学生积极思维。

2. 领会知识

这是教学过程的中心环节，包括使学生感知教材以及理解教材。感知教材就是通过一系列直观的教具来使学生对于教材的整体框架有一个大致的了解，形成一个比较清晰的表象，产生必要的感性认识，为进一步的思维奠定基础。理解教材，就是学生在感知教材的基础上，经过抽象、概括等思维过程，最终得出相关概念、规律以及结论。

3. 巩固知识

在这一阶段中，学生按照一定的顺序，把刚学习的计算机知识条理化、系统化，同时对所学的计算机知识进行及时有效的复习，进行再记忆，更好地理解巩固这些知识，最终形成系统的计算机知识体系。

4. 运用知识

学生在教师的指导下，上机实际操作，完成作业，在这个过程中学生所学计算机知识得到验证，将知识转化为能力，培养学生的技能。

5. 检查知识

最后检查知识可以对学生前面所学知识进行复习和总结，对教师的教学以及学生的学习进行结果反馈，以便教师及时调整、组织教学进程。教师根据具体情况，灵活掌握教学的各个环节，帮助学生掌握计算机知识，并发现问题，改进学习方法，提高学习效率。

（三）教学过程实施

教学过程的实施包括三个基本环节：教学准备、教学活动和评价反思。教学准备和评价反思是成功教学的基础，教学活动的过程是师生互动的过程。

第一，教学准备。这是教学过程的基础，它发生在教学活动的实际开展之前，包括教学目标的确定、教学内容的处理、教学方法的选择、教学设计方案的制订等。教学准备包括教师和学习者。教师应理解并且明确教学任务和学习者的特点；学习者的任务是明确学习的目的，为学习活动准备材料和心理。

第二，教学活动。这是教学过程实施的主要阶段。师生围绕教学目标开展有意义的互动活动，这是教学过程中最复杂、最关键的环节。

第三，评价反思。这不仅是教学过程中一个相对独立的环节，而且贯穿整个教学过程。目的是发现教学过程中存在的问题，优化教学效果。教师通过评价学习者对新知识和新技能的认识，评价教学目标、教学方法、教学内容、教学媒体和教学活动的适宜性。学习者需要监控自己的学习并调整学习策略。

第二节 计算机专业教学现状

一、高校计算机基础教学现状

（一）计算机课程内容更新速度过快

近些年来，在计算机技术迅猛发展的背景下，高校计算机课程内容也加快了更新速度，越来越丰富的教学内容涌入高校计算机课程教材中，虽然在一定程度上提高了课堂教学的趣味性与实用性，但也存在着一些不容忽视的弊端。首先，教学内容不断丰富，但教学课时却基本没有太大的改变，从而导致在有限的时间内，教师要完成的教学任务量更大，教师只能一味地赶进度，而忽略了教学质量。其次，计算机课程内容的更新速度过快，而其他一些相关专业的课程内容却更新缓慢，很难达到课程间的有机融合。最后，由于我国不同地域之间的经济水平发展不均衡，因而在教育资源的投入上也存在较大的差异。由于计算机技术在发展过程中，软硬件设备都在随之更新、升级，而一些经济水平发展较慢地域的高校并没有足够的经济实力及时对这些软硬件设备进行更新与升级，从而导致学生之间的计算机水平存在着较大的差异。

（二）计算机教师缺乏多元化的教学手段

目前，大部分高校计算机课程教学分为理论教学与实践教学。在理论知识教学过程中，很多教师仍沿用传统的教学模式，由教师占据主导地位，采用灌输式的方法进行授课，导致学生的课堂参与率极低。在教学活动中，由于课程内容量较大，教师为了赶进度，很少与学生进行互动，即便进行互动，也是匆匆而过，没有太过深入的沟通，导致学生缺乏主动思考的意识，也不具备独立思考的能力，严重打击了学生的学习积极性。此外，在计算机技术的飞速发展下，计算机课程内容也涌现了更多的新思想、新方法及新科技，但教师由于已经习惯按照原有的经验教学，并未将这些新颖的内容融入教学活动，从而导致学生的学习兴趣不高，难以达到提高学生综合素养的目的。

（三）计算机理论教学与实践教学缺乏紧密联系

当前，很多高校的计算机理论教学与实践教学缺乏紧密联系，甚至会出现实践教学与理论知识脱节的现象。计算机实践教学对于学生加深理论知识的理解与掌握具有十分重要的作用，因而，加强理论教学与实践教学之间的密切联系，能够帮助学生建立完整的计算机基础知识体系，有利于提升学生的实践应用能力。此外，很多高校所采用的计算机基础课程内容都是从计算机相关专业中选取的，但在实践教学中却无法对这些内容进行实践验证，从而导致实践教学的效果难以保证，不利于学生综合素养的培养。

（四）计算机专业教学内容与其他专业教学内容缺乏有机融合

在高校中，每个专业对于计算机基础知识的需求都不同，且对计算机基础水平的要求日益增高，如果还采用传统的教学模式进行统一授课，将难以满足各个专业对于计算机技能的需求，无法达到其他专业教学与计算机教学之间的有机融合，不利于培养学生的综合能力。基于此，如何将计算机专业教学与其他专业教学合理融合，是当前高校计算机教师普遍关注的重点课题。要想改变当前的教育现状，就要对计算机专业基础教学的课程体系进行改善与创新，加强与其他专业教学内容间的联系，并重点培养学生的计算机思维能力，满足高等教育的人才培养需求。

（五）学生缺少明确的学习目标

首先，一些学生缺少明确的学习目标，在学习生活中缺乏自律性。随着我国教育事业的发展，教育体系结构也在发生改变，曾经的大学本科教育在我国的 20 世纪五六十年代时属于精英教育，能够考上大学的可谓寥寥无几，然而在新时代，大学教育几乎变成了普及式教育，高校每年都在扩招，导致大学生普遍就业困难。一些学生没有明确的学习目标，对于学习的热情也不高，缺乏远大理想，再加上大学教育更倾向于自主化，很多学生由于缺乏有力的督促而放任自我，如沉迷网络游戏等，失去了主动学习的动力与能力。

其次，当前我国计算机基础教学的考核评价系统还比较单一，基本只以考试的及格率作为考核评价的参考依据，因此，无论是教师还是学生在教学活动中都一味地将重点放在了如何能够获得更高的分数上，而没有重视如何使学生利用所学的知识解决实际的应用问题，导致学生的应用能力较弱，不利于学生综合素养的提升。教师在教学过程中没有树立正确的教学目标，致使学生很容易成为“高分低能”型人才，即便在考试中获得了较高的分数，但在实际生活中，可能连如何安装、维护计算机系统都不会，降低了其职业竞争力。

（六）学生的计算机水平存在差异

我国的东、西部地区在经济发展过程中，呈现较大的差异，导致在教育资源上也呈现分配不均衡的现象。来自东部地区的学生计算机水平普遍要高于西部地区的学生，因而，即便在同一个班级，但由于起点不同，学生间也存在着较大的差异。此外，每个学生接触计算机的时长不同，对计算机知识的掌握程度也不同。有的学生家里条件较好，很早便接触了计算机，在学前便已有了一定的计算机基础：而有的学生直到上学才接触计算机，但学校的计算机设备有限，且计算机实践课程也有限，因而基础较差。在这种两极分化的情况下，教师还在以统一的内容进行授课，导致一部分学生认为教学进度太慢、教学内容太浅，难以激发学习兴趣；还有一部分学生认为教学进度过快、教学内容太难，上一个知识点还没有掌握，就要学习下一个知识点了，容易产生自暴自弃、畏学厌学的情绪，降低了课堂教学的有效性。

二、计算机专业人才培养现状

（一）专业定位和人才培养目标不明确

国内重点大学和知名院校的专业培养强调重基础、宽口径，偏重于研究生教育。而普通高校由于生源质量、任课教师水平等诸多因素的影响，要达到重点院校的人才培养目标确实勉为其难。普通高校的生源大部分来自农村和中小城市，地域和基础教育水平的差异使得他们视野不够开阔、知识面不够宽，许多与实践能力培养相关的课程与环节在片面追求升学率的情况下被放弃。这些学生上大学，怀抱“知识改变命运”的个人目标，对于来自农村的生源来说是无可厚非的，然而一进入大学之门，就被学校引导进入以考取研究生或掌握一技之长为目的的学习之中，重蹈中学应试学习之路，过于迫切的愿望，导致他们把学习的考试成绩看得特别重，忽视了实践能力的运用。加上学术氛围、学习风气的影响，教学效果一般难与重点院校相提并论，所以培养出来的学生基本理论、动手能力、综合素质普遍与重点大学和社会对人才的需要有一定的差距。专业定位和培养目标的偏差，造成部分院校计算机专业没有形成自己的专业特色，培养出来的学生操作能力和工程实践能力相对较弱，缺乏社会竞争力。

（二）培养方案和课程体系不能因地制宜

计算机专业的培养方案和课程体系，除了学习和借鉴一些名牌大学、重点大学之外，有些是对原有计算机科学与技术专业的培养计划和课程体系进行修改。无论何种方式，由于受传统的理科研究性的教学思想的影响，都是从研究软件技术的视角出发制订培养方案和设计课程体系的。这些课程体系不是以工程化、职业化为导向，而是偏重理论教育，特别是与软件工程相关的技能与工程实训很少，甚至根本没有。按照这样的培养方案和课程体系，一方面，软件工程专业实训内容难以细化，重理论轻实践，虽然实验开出率也很高，也增加了综合性、设计性的实验内容，但是学生只是机械地操作，不能提高自己的动手、推理能力，从而造成了创新能力不足。另一方面，课程内容陈旧、知识更新落后，忽视针对性和热点技术，无法跟上发展迅速的业界软件技术，专业理论知识难度较大，学生很难完全掌握吸收，又学不到最新的专业技术，专业成才率较低。

生源质量、师资水平、地方经济发展程度的不同，要求高校培养人才要因地制宜，探索出真正体现计算机专业特色的培养计划和课程体系，培养出适合企业需要的软件工程技术人才。

（三）实践教学体系建设不完善

计算机专业的集中实践教学环节的硬件条件，大多数学校按照教育部评估的要求进行了配置，实践课程也按照计划进行了开设，但是很多都是照搬一般模式。有些虽然也安排学生到公司实习，但是对如何从实验教学、实训教学、“产、学、研”实践平台构建等环节进行实践教学体系的建设考虑还远远不够，更谈不上如何根据专业自身的生命周期和需要进行实践教学的安排。很多实践过程学生根本就没有深入地学习，只是做了一些简单的验证实验，没有深入分析问题、解决问题的过程。另外，学生实验、实践和实训都是以个人为单位，缺少团队合作精神和情商培养，学生以自我为中心，缺乏与人沟通的能力和技巧，难以适应现代 IT 企业注重团队合作的工作氛围。

（四）缺少有项目实践经历的师资

普通院校计算机专业的师资力量相对于重点院校还是相当薄弱，相当一部分教师是从校门到校门，缺少项目实践经历，没有生产一线的工作经验。另外，学校与行业企业联系不够紧密，教师难以及时了解和掌握企业的最新技术发展和体验现实的职业岗位，致使专业实践能力明显不足，“双师”素质的教师在专任教师中所占比例较低。真正符合职业教师特点和要求的教师培训机会不多，很多教师以理论教学为主导地位的教育观念没有改变，没有培养学生超强实践能力的意识，导致在教学过程中过分强调考试成绩，实践课程的学习成了附属品。没有好的师资很难培养出优秀的软件工程人才。

（五）教学考核与管理方式存在问题

高校扩招后，我国高校普遍存在师资不足的问题。因此，理论课程和实践课程往往由同一名教师担任，合班课也非常普遍，为了简化考核工作，课程的考核往往就以理论考试为主，对于实践能力要求高的课程，也是通过笔试考核，60 分成了学生是否达到培养目标、是否能毕业的一个铁定的指标。学习缺乏过程性评价和有效监控，业余时间多且无人管理，给学生的错觉是只要达到 60 分、只要能毕业，基本任务就完成了，能否解决实际问题已不重要。这些问题在学生毕业设计、毕业（论文）阶段也非常突出，但因为学生面临找工作以及毕业设计指导管理等问题，毕业设计阶段对学生工程实践能力的培养也有相当弱化的趋势。

第三节　计算机专业教育思想与教育理念

一、“做中学”教育思想的解读

目前，教育界正在把“做中学”当成是探究学习来进行研究和实践。高校的计算机教学基本都是单纯地先传授知识，再动手操作。即使在教学过程中加入了多媒体教学、分组教学、任务驱动等教学手段，教学的实质还是没有变，仍然是“以教为主”。学生依旧是先听讲后重复，不具备发现问题和解决问题的能力。“做中学”教育理念则不同，它强调先让学生亲力亲为、发现问题、获得经验，然后主动探索解决问题的方法和手段。因此，“做中学”的理论不仅仅适用于儿童教育，也非常适用于高校计算机教学。高校计算机教学应该引入“做中学”的教学理念，遵循此理念的原理，在教材、教室、教学设计等方面创设情境，提高学习效率，激发学生主观能动性，达到良好的学习效果。

（一）“做中学”理念的提出及其在高校计算机教学上的启示

“做中学”理念是由美国著名哲学家、教育学家和心理学家杜威提出的。[①] 在杜威的教育理论里有三个核心的命题，即“教育即生活”“教育即生长”“教育即经验的改造”。这三个命题环环相扣、紧紧相连，是杜威对教育基本问题的思索。在此基础上，杜威提出了一直影响至今的“做中学”（Learning by Doing）原则，也就是学与做相结合，知与行相结合、“从活动中学”“从经验中学”，认为“从做中学要比从听中学更是一种较好的方法”。

在“做中学”的基础上，杜威设计了一种教学法——思维五步法：①安排真实的情境；②在情境中要有刺激思维的课题；③利用可以利用的资料，做出解决问题的假设；④在活动中验证假设；⑤根据验证的结果得出结论。

杜威的这些教学理念给从事高校计算机教学的人员以下三点启示：

①教师要了解和掌握学生的知识水平，创设学生熟悉的情境。要从学生的角度出发，创设学生熟悉的情境，让学生在属于自己的知识水平中发现问题，这样才能激发学生解决问题的意志。教师一定要了解和掌握学生现有的知识水平，创设的情境不要从教师的角度出发，要避免主观地设计情境。

②教师创设的情境不是为授课目的服务，而是为学生的学习服务。目前高校的计算机教学存在“以教为主”的问题。计算机课程尤其是语言类课程往往比较枯燥难懂，在授课过程中，教师经常在黑板前讲得激情四射，而讲台下学生听得迷迷糊糊、似懂非懂。在此种教学情境中的学生往往缺乏学习的积极性和主动性。“做中学”理念则强调在教学中先让学生对教学内容有所了解和认识，进而让学生对知识产生探究的兴趣，同时让学生在发现、探究、困惑、提问、动手实践、相互交流、解决问题等一系列的学习活动中，达到教学效果的最优化。

③教师要创设“做中学”的情境，就要不断完善自己，灵活把握知识。对现有的教材、教学场所、传统教学过程进行改革，为学生创造一个充满活力的探究型课堂。

---

① 秦旭芳，庞丽娟．“做中学”科学教育的主要理念［J］．湖南师范大学教育科学学报，2004：11.

（二）在高校计算机教学中创设“做中学”情境

1. 课前准备

一个好的情景创设可以更好的激发学生学习的兴趣，促使其进行更深层次的探究与学习。教师在备课时要做充分的准备，灵活熟练地掌握教材，根据课程内容的特点，创设“做中学”情境。在课前保证网络教室的网络通畅，充分研究教材，了解学生现有的知识水平，以此设计好教学过程。

2. 教学过程

第一步，创设吸引学生兴趣的情境。

以某高校专业选修课《Flash 基础》中“地球自转”的遮罩层动画应该在最前面说明。在大屏幕上演示“地球自转”的动画（学生对此动画非常感兴趣），让学生观察动画的特点，由教师介绍：这个动画应用了两个被遮罩层，这节课制作“地球自转”的实例动画。

第二步，鼓励学生畅所欲言。

教师在此情境中起到引导作用。在制作步骤过程中允许学生出错，接纳每一个学生的观点，让学生畅所欲言，充分调动每一个学生的积极性。

第三步，鼓励学生验证自己的观点，并记录自己出现问题的环节。

让学生操作来验证他们的方法是否正确。在此期间教师要细心观察每一学生的动向，对出现障碍的同学给予适当的提示、启发和建议，以引导学生找到解决问题的方法。同时，教师要有目的、有意识地观察学生在实际操作中的表现，以便课后总结经验。

第四步，提供交流创新的平台。

当学生在学习机上操作后，有了自己探究的结果，无论是否最后解决了问题，都应尽可能地为学生间的交流创造条件，让每个学生都能在集体中汇报自己的实际操作过程，鼓励学生进行创新。

第五步，引导提示，重点攻关。

在集体交流后学生的求知欲是最强的。如在此例中，学生对如何把第二个运动的地球变成被遮罩层留有疑问。这时教师应加以适当引导，提示学生对前面课程中已经掌握的动画实例添加多个遮罩层，引领他们将此难点攻克。

3. 课后总结

在课堂教学结束以后，教师要把每一个同学对知识的掌握情况及其实际操作能力记录在案。要对实例的难易程度、学生的理解程度、现有知识和新知识的把握程度等，有一个清晰的总结与认识。

（三）“做中学”的教学效果

正如教育家苏霍姆林斯基所说：“在人的心灵深处，都有一种根深蒂固的需要，就是希望自己是一个发现者和探索者，在人的精神世界中，这种需要特别强烈。”[①] 通过“做中学”，可以培养学生的主观能动性，活跃课堂气氛；通过“做中学”，能够培养学生探究新知识的思维方法，使学生主动并且渴望学习新的知识；通过“做中学”，可以培养学生的思维能力，帮助他们形成科学的生活态度，使学生在遇到问题时能够运用科学的方法和原理来解决问题。

（四）总结与反思

在教学实践过程中也存在很多问题，比如设置的实例较难，导致学生以现有的水平无法完成；设置的实例学生不感兴趣；个别同学不踊跃发言；小组合作不协调等。“做中学”作为教学形式，既是一种教育理念，又是一种教育方法，也是一种教育过程。对于实践中遇到的这些具体问题，需要每位教育者认真研究，相互交流，探索教学改革的方法，达到素质教育的目的。

“做中学”能够激发学生的好奇心和求知欲。通过学生的主动参与和主动实践，使教学的效果体现在学生身上。教师在这种情境中既不是一味地教，也不是完全地放手，而是采用“主导—主体”相结合的方式。在教学系统中，教师与学生之间呈现非线性的关系。通过人机交互、师生交互、生生交互，使教学媒体真正成为学生自主学习和小组合作的认知探究工具。

二、构思、设计、实现、运作教育理念

为了应对经济全球化形势下产业发展对创新人才的需求，“做中学”成为教育改革的战略之一。作为“做中学”战略下的一种工程教育模式，构思、设计、实现、运作教育理念自2010年起，在以MIT（麻省理工学院）为首的几十所大学操作实施以来，迄今已取得显著成效，深受学生欢迎，得到产业界高度评价。构思、设计、实现、运作教育理念对我国高等教育改革产生了深远的影响。

---

① 龙飞，王瑞．“做中学”理念在高校计算机教学中的应用［J］．长春师范大学学报，2010：12.

（一）构思、设计、实现、运作教育理念的含义

构思、设计、实现、运作教育理念是基于工程项目全过程的学习，是对以课堂讲课为主的教学模式的革命。构思、设计、实现、运作教育理念代表构思（Conceive）、设计（Design）、实现（Implement）和运作（Operate），它是“做中学”原则和“基于项目的教育和学习”（Project-based Education and Learning）的集中体现，它以产品研发到产品运行的生命周期为载体，让学生以主动的、实践的、课程之间具有有机联系的方式学习和获取工程能力。其中，构思包括顾客需求分析，技术、企业战略和规章制度设计，发展理念，技术程序和商业计划制订；设计主要包括工程计划、图纸设计以及实施方案设计等；实施特指将设计方案转化为产品的过程，包括制造、解码、测试以及设计方案的确认；运行则主要是通过投入实施的产品对前期程序进行评估的过程，包括对系统的修订、改进和淘汰等。

在CDIO教育理念国际合作组织的推动下，越来越多的高校开始引入并实施CDIO工程教育模式，并取得了很好的效果。在工程教育理念同样适合国内的工程教育，这样培养出来的学生，理论知识与动手实践能力兼具，团队工作和人际沟通能力得到提高，尤其受到社会和企业的欢迎。CDIO工程教育模式符合工程人才培养的规律，代表了先进的教育方法。

（二）对构思、设计、实现、运作教育理念的解读与思考

CDIO教育理念的概念性描述虽然比较完整地概括了其基本内容，但还是比较抽象、笼统。其实，最能反映CDIO特点的是其大纲和标准。构思、设计、实现、运作教育理念模式的一个标志性成果就是课程大纲和标准的出台，这是CDIO工程教育的指导性文件，详细规定了CDIO工程教育模式的目标、内容以及具体操作程序。因此，要深刻领会CDIO的理念，在实践中创造性地加以运用，最好的办法就是对CDIO的大纲和标准进行解读和深入思考。

1. 构思、设计、实现、运作教育理念大纲的目标

CDIO教育理念课程大纲的主要目标是“建构一套能够被校友、工业界以及学术界普遍认可的，未来年青一代工程师必备的知识、经验和价值观体系”。提出系统的能力培养、全面的实施指导、完整的实施过程和严格的结果检验的12条标准。大纲的意愿是让工程师成为可以带领团队，成功地进行工程系统的概念、设计、执行和运作的人，旨在创造一种新的整合性教育。该课程大纲对现代工程师必备的个体知识、人际交往能力和系统建构

能力做出的详细规定，不仅可以作为新建工程类高校的办学标准，而且还能作为工程技术认证委员会的认证标准。

2. 构思、设计、实现、运作教育理念大纲的内容

CDIO 教育理念大纲的内容可以概述为培养工程师的工程，明确了高等工程教育的培养目标是未来的工程人才“应该为人类生活的美好而制造出更多方便于大众的产品和系统”。在对人才培养目标综合分析的基础上，结合当前工程学所涉及的知识、技能及发展前景，CDIO 大纲将工程毕业生的能力分为技术知识与推理能力、个人能力与职业能力和态度、人际交往能力、团队工作和交流能力。在企业和社会环境下构思—设计—实现一运行系统方面的能力（四个层面），涵盖了现代工程师应具有的科学和技术知识、能力和素质。大纲要求以综合的培养方式使学生在这四个层面达到预定目标。CDIO 教育理念大纲为课程体系和课程内容设计提供了具体要求。

为提高可操作性，CDIO 教育理念大纲对这四个层次的能力目标进行了细化，分别建立了相应的 2 级指标和 3 级指标。其中，个人能力、职业能力和态度是成熟工程师必备的核心素质，其 2 级指标包括工程推理与解决问题的能力（又包括发现和表述问题的能力，建模、估计与定性分析能力等五个 3 级指标）、实验和发现知识的能力、系统思维的能力、个人能力和态度、职业能力和态度等。同时，现代工程系统越来越依赖多学科背景知识的支撑。因此，学生还必须掌握相关学科的知识、核心工程基础知识、高级工程基础知识，并具备严谨的推理能力；为了能够在以团队合作为基础的环境中工作，学生还必须掌握必要的人际交往技巧，并具备良好的沟通能力；为了能够真正做到创建和运行产品/系统，学生还必须具备在企业和社会两个层面进行构思、设计、实施和运行产品/系统的能力。

CDIO 教育理念课程大纲实现了理论层面的知识体系、实践层面的能力体系和人际交往技能体系三种能力结构的有机结合，为工程教育提供了一个普遍适用的人才培养目标基准。同时它又是一个开放的、不断自我完善的系统，各个院校可根据自身的实际情况对大纲进行调整，以适合社会对人才培养的各方面需求。

3. 构思、设计、实现、运作教育理念标准解读

CDIO 教育理念的 12 条标准是一个对实施教育模式的指引和评价系统，用来描述满足 CDIO 要求的专业培养。它包括工程教育的背景环境、课程计划的设计与实施、学生的学习经验和能力、教师的工程实践能力、学习方法、实验条件以及评价标准。在这 12 条标准中，标准 1、2、3、5、7、9、11 这七项在方法论上区别于其他教育改革计划，显得最为重要，另外五项反映了工程教育的最佳实践，是补充标准，丰富了 CDIO 的培养内容。

标准1：背景环境。

CDIO教育理念是基于CDIO的基本原理，即产品、过程和系统的生命周期的开发与实现是适合工程教育的背景环境。因为它是一个可以将技术知识和其他能力的教、练、学融为一体的文化架构或环境。构思—设计—实现—运行是整个产品、过程和系统生命周期的一个模型。

标准1作为CDIO教育理念的方法论非常重要，强调的是载体及环境和知识与能力培养之间的关联，而不是具体的内容，对于这一关联原则的理解正确与否关系到实施CDIO的成败。CDIO教育理念模式当然要通过具体的工程项目来学习和实践，但得到的结果应当是从具体工程实践中抽象出来的能力和方法：不论选取什么样的工程实践项目开展CDIO教学，其结果都应当是一样的，最终都是一般方法的获得和通用能力的提高，而不是局限于该项目所涉及的具体知识。这就是“做中学”的通识性本质。也就是说，工程实践的重点在于获得通用能力和工程素质的提高，而不是某一工程领域和项目中所涉及的具体知识。通识教育的关键是要培养学生的各种能力，也就是要培养学生获得学习、应用和创新的能力，而不仅仅是传统意义上的基础学科理论及相关知识。工程教育要培养符合产业需要的具有通用能力和全面素质的工程人才，其教学必须面向和结合工程实践，能力的培养目标只有通过产学合作教育的机制和“做中学”的方法才能真正实现。

标准2：学习效果。

学习效果就是学生经过培养后所获得的知识、能力和态度。CDIO教育理念教学大纲中的学习效果，详细规定了学生毕业时应学到的知识和应具备的能力。除了技术学科知识的要求之外，也详列了个人、人际能力，以及产品、过程和系统建造能力的要求。其中，个人能力的要求侧重于学生个人的认知和情感发展；人际交往能力侧重于个人与群体的互动，如团队工作、领导能力及沟通；产品、过程和系统建造能力则考查在企业、商业和社会环境下的关于产品、过程和工程系统的CDIO、设置具体的学习效果有助于确保学生取得未来发展的基础，学习效果的内容和熟练程度要通过主要利益相关者和组织的审查和认定。因此，CDIO教育理念从产业的需求出发，在教学大纲的设计与培养目标的确定上，应与产业对学生素质和能力的要求逐项挂钩，否则教学大纲的设计将脱离产业界的需要，无法保障学生可获得应有的知识、技能和能力。

标准3：一体化课程计划。

标准3要求建立和发展课程之间的关联，使专业目标得到多门课程的共同支持。这个课程计划，不仅让学生学到相互支持的各种学科知识，而且还应能在学习的过程中同时获取个人、人际交往能力，以及产品、过程和系统建造的能力（标准2）。以往各门课程都是按学科内容各自独立，彼此很少关联，这并不符合 CDIO 一体化课程的标准，按照工程项目全生命周期的要求组织教、学、做，就必须突出课程之间的关联性，围绕专业目标进行系统设计，当各学科内容和学习效果之间有明确的关联时，就可以认为学科间是相互支持的。一体化课程的设置要求，必须打破教师之间、课程之间的壁垒，改变传统各自为政的做法，在一体化课程计划的设计上发挥积极作用，在各自的学科领域内建立本学科同其他学科的联系，并给学生创造获取具体能力的机会。

标准 4：工程导论。

导论课程通常是最早的必修课程中的一门课程，它为学生提供产品、过程和系统建造中工程实践所需的框架，并且引出必要的个人和人际交往能力，大致勾勒出一个工程师的任务和职责以及如何应用学科知识来完成这些任务。导论课程的目的是通过相关核心工程学科的应用来激发学生的兴趣、学习动机，为学生实现 CDIO 教育理念教学大纲要求的主要能力发展提供一个较早的起步。

标准 5：设计实现的经验。

设计实现的经验是指以新产品和系统的开发为中心的一系列工程活动。设计实现的经验按规模、复杂度和培养顺序，可分为初级和高级两个层次，其结构和顺序是经过精心设计的，以构思—设计—实现—运作为主线，规模、复杂度逐步递增，这些都要成为课程的一部分。因而，与课外科技活动不同，这一系列的工程活动要求每个学生都要参加，而不像是兴趣小组以自愿为原则。认识到这样的高度，实训环节的安排便有据可查，不是可有可无、可参加可不参加了。通过设计的项目实训，能够强化学生对产品、过程和系统开发的了解，更深入地理解学科知识。

当然，实践的项目最好来自产业第一线，因为来自一线的项目，包含有更多的实际信息，如管理、市场、顾客沟通和服务、成本、融资、团队合作等，是企业真正需要解决的问题，可以让学生在知识和能力得到提高的同时，技术之外的素质也得到提升。校企合作实施 CDIO 教育理念、教学模式，必须开发和利用足够多的项目，才能保证大量学生的学习和训练。因此，除了“真刀真枪”的实战项目外，也可以采用一些企业做过的项目、学生自选的有意义的项目、有社会和市场价值的项目或其他来源的项目来设计一系列的工程活动，让学生在“做中学”。

标准 6：工程实践场所。

工程实践场所即学习环境，包括学习空间，如教室、演讲厅、研讨室、实践和实验场所等，这里提出的是学习环境设计的一个标准，要求能够做到支持和鼓励学生通过动手学习产品、过程和系统的建造能力，学习学科知识和社会学习。也就是说，在实践场所和实验室内，学生不仅可以自己动手学习，也可以相互学习、进行团队协作。新的实践场所的创建或现有实验室的改造，应该以满足这一首要功能为目标，场所的大小取决于专业规模和学校资源。

标准7：一体化学习经验——集成化的教学过程。

标准2和标准3分别描述了课程计划和学习效果，这些必须有一套充分利用学生学习时间的教学方法才能实现。一体化学习经验就是这样一种教学方法，旨在通过集成化的教学过程，培养学科知识学习的同时，培养个人、人际交往能力，以及产品、过程和系统建造的能力。这种教学方法要求把工程实践问题和学科问题相结合，而不是像传统做法那样，把两者断然分开或者没进行实质性的关联。例如，在同一个项目中，应该把产品的分析、设计，以及设计者的社会责任融入练习中同时进行。

这种教学方法要在规定的时间内达到双重的培养目标：获得知识和培养能力。更进一步的要求是教师既能传授专业知识，又能传授个人的工程经验，培养学生的工程素质、团队工作能力、建造产品和系统的能力，使学生将教师作为职业工程师的榜样。这种教学方法，可以更有效地帮助学生把学科知识应用到工程实践中去，为达到职业工程师的要求做好更充分的准备。

集成化的教学标准要求知识的传递和能力的培养都要在教学实践中体现，在有限的学制时间内，这就需要处理好知识量和工程能力之间的关系。

“做中学”战略下的CDIO教育理念模式，以“项目”为主线来组织课程，以“用”导“学”，在集成化的教学过程中，突出项目训练的完整性，在做项目的过程中学习必要的知识，知识以必需、够用为度，强调自学能力的培养和应用所学知识解决问题的能力。

标准8：主动学习。

基于主动经验学习方法的教与学。主动学习方法就是让学生致力于对问题的思考和解决，教学上重点不在被动信息的传递上，而是让学生更多地从事操作、运用、分析和判断概念。例如，在一些讲授为主的课程里，主动学习可包括合作和小组讨论、讲解、辩论、概念提问以及学习反馈等。当学生模仿工程实践，如进行设计、实现、仿真、案例研究时，即可看作是经验学习。当学生被要求对新概念进行思考并必须做出明确回答时，教师可以帮助学生理解一些重要概念的关联，让他们认识到该学什么、如何学，并能灵活地将这个知识应用到其他条件下。这个过程有助于提升学生的学习能力，并养成终身学习的习惯。

标准9：提高教师的工程实践能力。

这一标准提出，一个CDIO教育理念专业应该采取专门的措施，提高教师的个人、人际交往能力，以及产品、过程和系统建造的能力，并且最好是在工程实践背景下提高这种能力。教师要成为学生心目中职业工程师的榜样，就应该具备如标准3、4、5、7所列出的能力。

很多教师专业知识扎实，科研能力也很强，但我们师资最大的不足是实际工程经验和商业应用经验都很缺乏。当今技术创新的快速步伐，需要教师不断提高和更新自己的工程知识和能力，这样才能够为学生提供更多的案例，更好地指导学生的学习与实践。

提高教师的工程实践能力，可以通过如下四个途径：①利用学术假期到公司挂职；②校企合作，开展科研和教学项目合作；③把工程经验作为聘用和提拔教师的条件；④在学校引入适当的专业开发活动。

教师工程能力的达标与否是实施CDIO教育理念成败的关键，解决师资工程能力最为有效的途径是“走出去，请进来”校企合作模式。一方面，高校教师要到企业去接受工程训练，取得实际的工作经验；另一方面，学校要聘请有丰富工程背景经验的工程师兼职任教，使学生真正接触到当代工程师的榜样，获得真实的工程经验和能力。

标准10：提高教师的教学能力。

这一标准提出，大学要有相应的教师进修计划和服务，采取行动，支持教师在综合性学习经验（标准7）、主动和经验学习方法（标准8）以及考核学生学习（标准11）等方面的自身能力得到提高。既然CDIO教育理念专业强调教学、学习和考核的重要性，就是必须提供足够的资源使教师在这些方面得到发展，如支持教师参与校内外师资交流计划，构建教师间交流实践经验的平台，强调效果评估和引进有效的教学方法等。

标准11：学习考核——对能力的评价。

学生学习考核是对每个学生取得的具体学习成果进行度量。学习成果包括学科知识，个人、人际交往能力，产品、过程和系统建造能力等方面（标准2）。这一标准要求，CDIO教育理念的评价侧重于对能力培养的考查。考核方法多种多样，包括笔试和口试，观察学生表现，评定量表，学生的总结回顾、日记、作业卷案、互评和自评等。针对不同的学习效果，要配合相适应的考核方法，才能保证能力评价过程的合理性和有效性。例如，与学科专业知识相关的学习效果评价可以通过笔试和口试来进行，与设计—实现相关的能力的学习效果评价则最好通过实际观查记录来考察更为合适。采用多种考核方法以适合更广泛的学习风格，并增加考核数据的可靠性和有效性，对学生学习效果的判定具有更高的可信度。

另外，除了考核方法要求多样之外，评价者也应是多方面的，不仅仅要来自学校教师和学生群体，也要来自产业界，因为学生的实践项目多从产业界获得，对学生实践能力的产业经验的评价，产业工程师拥有最大的发言权。

CDIO 教育理念模式是能力本位的培养模式，本质上有别于知识本位的培养模式，其着重点在于帮助学生获得产业界所需要的各种能力和素质。因此，如果仍然沿用知识本位的评价方法和准则的话，基于 CDIO 教育理念人才培养的教学改革就难免受到一些人的抨击，难以持续开展下去。因此，对各种能力和素质要给予客观准确的衡量，必须要有新的评价标准和方法，改变观念以适应 CDIO 教育理念这种新的教育模式。

标准 12：专业评估。

专业评估是对 CDIO 教育理念的实施进展和是否达到既定目标的一个总体判断，对照以上 12 条标准评估专业，并与继续改进为目的，向学生、教师和其他利益相关者提供反馈。专业总体评估的依据可通过收集课程评估、教师总结、新生和毕业生访谈、外部评审报告、对毕业生和雇主的跟进研究等，评估的过程也是信息反馈的过程，是持续改善计划的基础。

CDIO 教育理念的培养目标是符合国际标准的工程师，除了具备基本的专业素质和能力之外，还应具有国际视野，了解多元文化并有良好的沟通能力，能在不同地域与不同文化背景的同事共事，因此，联合国教科文组织产学合作教育提出了“做中学”、产学合作、国际化三个工程教育改革的战略，CDIO 教育理念作为“做中学”战略下的一种新的教育模式，很好地融合了这三个战略思想，虽然还有大量的理论和实践问题需要研究发展，但是在工程教育改革中已经显示出了强大的生命力。

第四节　计算机专业教学改革方向与策略

一、计算机专业教学改革与研究的方向

当前高校计算机人才的培养目标、培养模式、课程体系、教学方法、评价方式等都无法适应业界的实际需求，专业教学改革势在必行。通过深入学习和领会杜威的“做中学”教育思想和 CDIO 教育理念的先进做法，借鉴国际、国内兄弟院校的教学改革实践经验，结合自身实际情况，我们确定了以下五个教学改革与研究的方向。

（一）适应市场需求，调整专业定位和培养目标

CDIO 教育理念的课程大纲与标准，对现代计算机人才必备的个体知识、人际交往能

力和系统建构能力做出了详细规定，为计算机专业教育提供了一个普遍适用的人才培养目标基准，需要强调的是，这只是一个普遍的标准，是最基本的能力和素质要求。CDIO 教育理念模式是一个开放的系统，其本身就是通过不断的实证研究和实践探索总结出来的，并非一成不变。社会需求是多样化的，需要精英化的工程人才，也需要大众化的工程人才。

计算机软件产业的蓬勃发展，无疑需要大量的相关从业人员，产业的竞争对人才的能力和素质提出了更高的要求。针对行业发展对人才能力素质的需求，结合本地经济发展状况和学校办学条件，经过深入研究和探讨，我们确定了计算机专业的办学定位：立足本省、面向全国，培养在生产一线从事计算机系统的设计、开发、运用、检测、技术指导、经营管理的工程技术应用型人才。麦可思的调查显示，大学毕业生对就学地有着较高的就业偏好，因此我们应立足于本省，服务于地方经济，同时向全国，特别是长三角、珠三角地区输送软件工程技术人才。

对照 CDIO 教育理念的能力层次和指标体系，我们提炼出计算机专业的培养目标：培养具有良好的科学技术与工程素养，系统地掌握软件工程的基本理论、专业知识和基本技能与方法，受到严格的软件开发训练，能在软件工程及相关领域从事软件设计、产品开发和管理的高素质专门人才。

经过四年的学习培养，学生应该具有通识博雅的人格素质和终身多元的学习精神，具备务实致用的专业能力和开拓创新的竞争力，能成为适应产业需求的建设人才。随着高新技术的不断涌现，应用型技术人才培养目标必须通过市场调研，不断进行更新和调整，但万变不离其宗——能力和素质的提高。

（二）修订专业培养计划，改革课程设置，更新教学内容

专业培养计划是人才培养的总体设计和实施蓝图，它根据人才培养目标和培养规格，制定了明确的知识结构和能力要求，设置了专业要求的课程体系，是专业教育改革的核心问题，对提高教育质量、培养合格人才有着举足轻重的作用。

近年来，软件工程的飞速发展，使软件工程理论和技术不断更新，高校培养计划和课程体系不能适应这种变化的矛盾日益突出，因而高校人才培养方案的制订和调整必须把业界对人才培养的需求作为重要的依据，分析研究市场对软件人才的层次结构、就业去向、能力与素质等方面的具体要求，以及全球化和市场化所导致的人才需求走向等以能力要求为出发点，以需、够用为度，并兼顾一定的发展潜能，合理确定知识结构，面向学科发展、面向市场需求、面向社会实践修订专业培养计划。

课程设置必须跟上时代步伐，教学内容要能反映出软件开发技术的现状和未来发展的方向。计算机专业的课程设置，重基础和理论，学科知识面面俱到，不能体现出应用型技术人才培养的特点。因此，作为相关的专业教师，必须及时了解最新的技术发展动态，把握企业的实际需求，汲取新的知识，做到该开设什么课程、不应开设什么课程心中有数，对教材的选用应以学用结合为着眼点，根据实际需要选择。对于原培养计划中不再适应业界发展要求的课程要坚决排除，对于一些新思维、新技术、新运用的内容，要联合业界，加大课程开发，不断地更新完善课程体系。

在CDIO教育理念理论框架下完善计算机专业培养计划的内容，合理分配基础科学知识、核心工程基础知识和高级工程基础知识的比重，设计出每门课程的具体可操作的项目，以培养学生的各种能力并非易事，正如标准3一体化的课程计划的规定，不仅让学生学到相互支持的各种学科知识，而且还应能在学习的过程中同时获取个人、人际交往能力，以及产品、过程和系统建造的能力。对培养计划和课程设置，必须进行深入的研究和探讨。

需要注意的是，在强调工程能力重要性的同时，CDIO教育理念并不忽视知识的基础性和深度要求。CDIO教育理念课程大纲所列的培养目标既包括专业基础理论，也包括实践操作能力；既包括个体知识、经验和价值观体系，也包括团队合作意识与沟通能力，体现出典型的通识教育价值理念。此外，应用型技术人才还应当有广泛的国际视野。通识教育是学生职业生涯发展后劲的基础，专业教育是学生职场竞争力的根本保证。

（三）改进教学方法，创建“主导–主体”的教学模式

传统的课堂教学，以教师为中心，以教材讲授为主，学生被动接受知识，抹杀了学生学习的自主性和创造性。基于对杜威“做中学”教育思想的理解，传统的教学方法必须改变，师生关系必须进行重构。

在“做中学”教育思想指导下的CDIO教育理念模式，强调的是教学应该从学生的现有生活经验出发，从自身活动中进行学习，教学过程应该就是“做”的过程。教育的一切措施要从学生的实际出发，做到因材施教，以调动学生学习的积极性和主动性，即“以学生为中心”。

CDIO教育理念是基于工程项目全过程的学习，这个全过程要围绕学生的学展开，为学生创建主动学习的情境，促进主动学习的产生。在发挥学生主动性的同时，“做中学”并非否定教师的指导作用。相对传统课堂，师生关系、课堂民主都会发生很大的变化。

以学生为中心的“做中学”，是学生天然欲望的表现和真正兴趣所在，符合个体认知

发展的规律，有利于构建和谐民主的师生关系，更能促进学习的发生。如何把这种教育理念转换为教育实践，关键是对两个问题的理解：一是如何诠释“以学生为中心”；二是何谓“教学民主”。

以学生为中心，不能笼统提及、泛泛而谈，这样不利于深入认识，也不利于实际操作，需要进一步明确以学生的什么为中心。杜威的以学生为中心，具体地讲是以学生的需要，特别是根本需要为中心，对大学生来说，他们的根本需要在于增进知识，提高能力和素质。以学生的根本需要为中心，那么“中心”二字又如何理解？从传统的以教师为中心到以学生为中心，高等教育的思想观念发生了重大变化，但是这个“中心”概念的转换常常引发一些操作上的误区。教学过程从教师“一统天下”变为一盘散沙，“做中学”又饱受一些人的诟病，实际上，这是对杜威教育思想认识不到位的缘故。“中心”关系的确立，是教学过程中师生关系的重新确定，涉及另外一个概念——教学民主。

从表面上看，教学民主无非是师生平等，是政治民主的教学化。然而，教学民主的真正核心在于学术民主，而不是教学过程中师生之间的社会学含义的民主，民主在教学中的具体指向就是学术。师生之间在学术地位上存在天然的不平等，因此在教学过程中的学术民主强调的是一种学术民主氛围的构建。

传统的课堂上，教师不仅是教学过程的控制者、教学活动的组织者、教学内容的制定者和学生学习成绩的评判者，而且是绝对的权威，这种师生关系形成不了教学民主的气氛。因此，教师要转变角色，从课堂的传授者转变为学习的促进者，由课堂的管理者转变为学习的引导者，由居高临下的权威转向“平等中的首席专家”。这样一种教学民主氛围，有利于发挥教师的指导作用，又能充分发挥学生的主体作用。这就是“主导—主体”的教学模式。

（四）改革教学实践模式，注重实践能力的培养

构思、设计、实现、运作 CDIO 教育理念的实践就是“做中学”，做“什么”才能让学生学到知识，获得能力的提升，这就需要改革教学实践模式，优化整合实践课程体系。

实践教学是整个教学体系中一个非常重要的环节，是理论知识向实践能力转换的重要桥梁。以往的实践课程体系，也认识到实践的重要性，但由于没有明确的改革指导思想，实践教学安排往往不能落实到位，大多数停留在验证性的层次上，与 CDIO 教育理念的标准要求相去甚远。切实有效的实践教学体系，应根据 CDIO 教育理念，将实验环节与计算机专业的整个生命周期紧密结合起来，参考 CDIO 教育理念工程教育能力大纲的内容，以培养能力为主线，把各个实践教学环节，如实验、实习、实训、课程设计、毕业设计（论

文）、大学生科技创新、社会实践等，通过合理的配置，以项目为载体，将实践教学的内容、目标、任务具体化。在实际操作的过程中，可将案例项目进行分解，按照通识教育、专业理论认知、专业操作技能和技术适应能力四个层次，由简单到复杂、由验证到应用、由单一到综合、由一般到提高、由提高到创新，循序渐进地安排实践教学内容，依次递进，四年不间断地进行。合理配置、优化整合实践教学体系是一个复杂的过程，并非易事，需要在实践中不断地探索，也是计算机专业教育教学改革的重点和难点。

（五）转变考核方式，改革考试内容，建立新的评价体系

专业教育教学改革的宗旨是培养综合素质高、适应能力强的业界需求人才。CDIO 教育理念对能力结构的四个层次进行了细致的划分，涵盖了现代工程师应具有的科学和技术知识、能力和素质，所以主张不同的能力用不同的方式进行考核。针对不同类别的课程，结合 CDIO 教育理念，设计考核与评价模型，建立多样化的考核方式，来实现对学生的自学能力、交流与沟通能力、解决问题能力、团队合作能力和创新能力等的考核与评价。这些考核方式和评价模型的科学性、合理性是专业教育教学改革需要深入研究的一个方向。

考试内容是学生学习的导向，不能让学生出现重理论、轻实践或重实践、轻理论的两极倾向。因此，在考试内容上，不仅要求考核课程的基本理论、基本知识、基本技能的掌握情况，还要考核学生发现问题、分析问题、解决问题的综合能力和综合素质；在考试形式上，可以采取多种多样的方式进行，一切以能全面衡量学生知识掌握和能力水平为基准，使学生个性、特长和潜能有更大的发挥余地。如采取作业、综合作业、闭卷等多种方式，除了有理论考试，也要有实践型的机试，还可以以学生提交的作品为考核依据，建立以创造性能力考核为主、常规测试和实际应用能力与专业技术测试相结合的评价体系，促进学生创新能力的发展。

考什么？如何考？作为学生专业学习的终端检测，从某种意义上讲比教什么内容更为重要，因此一定要把好考核质量关，不能让一些考核方式流于形式，影响学风建设。多年来，专业课教学大多数是由任课教师自己出题自己考核，内容和方式有比较大的随意性，教学效果的好坏自己评说，因而教学质量的高低很大程度上取决于教师的责任心。如何建立一套课程考核与评价的监督机制又是一个值得深入思考的问题。

二、计算机专业教学改革研究策略与措施

杜威的“做中学”教育思想，为计算机专业教育改革解决了一个方法论的问题，在这个方法论基础上的 CDIO 教育理念，为计算机教育改革的目标、内容以及操作程序提供了

切实可行的指导意见。在推进专业的教育教学改革研究过程中，我们解放思想、放下包袱，根据实际情况，制定和落实各项政策和措施，为专业取得改革成效提供了一个根本保障。基于CDIO教育理念模式的计算机专业的教育教学改革研究，是我们对各项教学工作进行梳理、反思和改进的一个过程。

（一）更新教育理念，坚定办学特色

任何改革的成功都是从理念革新开始的，人才培养模式的改革和实践是教育思想和教育观念深刻变革的结果。经过组织学习，要求每一个参与者都要准确把握教学改革所依据的教育思想和理念，明确改革的目的和方向，坚定信念，这样才能保证改革持续深入地开展。

CDIO教育理念模式的大工程理念，强调密切联系产业，培养学生的综合能力，要达到培养目标最有效的途径就是“做中学”，即基于项目的学习。在这种学习方式中，学生是学习的主体，教师是学习情境的构造者，是学习的组织者、促进者，并作为学习伙伴中的首席，随时提供给学生学习帮助。教学组织和策略都发生了很大的变化，要求教师要有更高的专业知识和丰富的工程背景经验。CDIO教育理念不仅仅强调工程能力的培养，通识教育也同等重要，“做中学”的“做”，并非放任自流，而是需要更有效的设计与指导，强调“做中学”，并不忽视“经验”的学习，也就是要处理好专业与基础、理论与实践的关系。只有清楚地认识到这些，教学改革才不会偏离既定的轨道。

（二）完善教学条件，创造良好育人环境

在应用计算机专业的建设过程中，结合创新人才培养体系的有关要求，紧密结合学科特点，不断完善教学条件。

1. 重视教学基本设施的建设。多年来，通过合理规划，积极争取到学校投入大量资金，用于新建实验室和更新实验设备，建设专用多媒体教室、学院专用资料室。实验设备数量充足，教学基本设施齐全，才能满足教学和人才培养的需要。

2. 加强教学软环境建设。在现有专业实验教学条件的基础上，加大案例开发力度，引进真实项目案例，建立实践教学项目库，搭建课程群实践教学环境。

3. 扩展实训基地建设范围和规模，办好“校内”“校外”实训基地，搭建大实训体系，形成“教学—实习—校内实训—企业实训”相结合的实践教学体系。

4. 加强校企合作，多方争取建立联合实验室，促进业界先进技术在教学中的体现，促进科研对教学的推动作用。

（三）建立课程负责人制度，全方位推进课程建设和教材建设

本着夯实基础、强化应用、基于项目化教学的原则，根据培养目标要求，在 CDIO 教育理念大纲的指导下，以学生个性化发展为核心，以未来职业需求为导向，大力推进课程建设和教材建设。针对计算机科学与技术专业所需的基础理论和基本工程应用能力，根据前沿性和时代性的要求，构建统一的公共基础课程和专业基础课程，作为专业通识教育学生必须具备的基本知识结构，为专业方向课程模块提供有效支撑，为学生后续学习各专业方向打下坚实的基础。

教材内容要紧扣专业应用的需求，改变“旧、多、深”的状况，贯穿“新、精、少”的原则，在编排上要有利于学生自主学习，着重培养学生的学习能力。一些院校为集中教学团队的师资优势，启动课程建设负责人项目，对课程建设的具体内容、规范做出明确要求，明确了课程建设的职责和经费投入。这些有益经验值得我们借鉴和学习。

（四）加强教学研讨和教学管理，突出教法研究

教育教学改革各项政策与措施最终的落脚点在常规的课堂教学上。因此，加强教学研讨和教学管理，是解决教学问题、保证教学质量的根本途径。

定期召开教学研讨会，组织全体教师讨论制定课程教学要点，研究教学方法，针对教学中存在的突出问题，集思广益，解决问题。对于新担任教学任务的教师或者是新开设的课程，要求在开学之初必须面向全体教师做教学方案的介绍，大家共同探讨，共同提高。教学研讨的内容围绕教材及教学内容的选择、教学组织策略的制定等而展开，突出教法研究。

加强教学管理和制度建设，逐步完善学校、学院、教研室三级教学管理体系，并建立教学过程控制与反馈机制。教研室主任则具体负责每一门的落实情况，把各项规章制度贯穿到底。教学督导组常规的教学检查、每学期都要进行的教学期中检查、学生评教活动等可有效地保证教学过程的控制，及时获取教学反馈，以便做出实时调整和改进。这些制度和措施，有效地保证了教学活动的正常开展和教学质量的提高。

（五）加强教师实践能力培养，提高教师专业素质

要实现培养高质量计算机专业应用型人才的目标，应该以现任专业教师为基础，建立一支素质优良、结构合理的“双师型”师资队伍。除了不拘一格地引进或聘用具有丰富工程经验的“双师型”教师之外，我们同时还采取有力措施，鼓励和组织教师参加各类师资

培训、学术交流活动，努力提高师资队伍的业务水平和工程能力，不断更新和拓展计算机专业知识，提高专业素养。鼓励教师积极关注学校发展过程中与计算机相关项目的实施，积极争取学校支持，尽可能把这些与计算机相关的项目放在学校内部立项、实施。这些可以为教师和学生提供一次实践锻炼的机会，降低计算机软件开发成本，方便计算机软件的维护。

另外，还要有计划地安排教师到计算机软件企业实践，了解行业管理知识和新技术发展动态，积累软件开发经验，努力打造“双师型”教师队伍。教师将最新的计算机软件技术和职业技能传授给学生，指导学生进行实践，才能培养学生实践创新能力。

（六）深度开展校企合作，规范完善实训工作的各项规章制度

近年来，一些院校积极开展产学合作、校企合作，充分发挥企业在人才培养上的优势，共同合作培养合格的计算机应用型技术人才。学校根据企业需求调整专业教学内容，引进教学资源，改革课程模块，使用案例化教材，开展针有对性的人才培养；企业共同参与制订实践培养方案，提供典型应用案例，选派具有软件开发经验的工程师指导实践项目；由企业工程师开设职业素养课，帮助学生了解行业动态，拓宽专业视野，提高职业素养，树立正确的学习观和就业观。与企业共建实习基地，让学生感受企业文化，使学生把所学的知识与生产实践相结合，获得工作经验，完成从学生到员工的角色过渡，企业从中培养适合自己的人才。

在与企业进行深度合作的过程中，各种各样的、预想到和未预想到的事情都会发生，为保证实训质量正常持续地开展下去，防患于未然，一些院校特别成立软件实训中心，专门负责组织和开展实训工作，制定和规范完善各项实训工作的规章制度及文档，如《软件工程实训方案》《学院实训项目合作协议》《软件工程专业应急预案》《毕业设计格式规范》等，就连巡查情况汇报、各种工作记录登记表等都做了规范要求。这些制度和要求的出台，对校企合作、深入开展实训工作、保证实训效果、培养工程型高素质人才起到了保驾护航的作用。

第二章　计算机专业教学的改革路径

第一节　计算机专业教学设计的改革

一、教学设计的基本要求

教学设计是为了促进学习者有效地进行学习而创造的一门科学。教学设计要根据学习者的学习需要，为学习者确定不同的教学目标、制定不同的教学策略、选择不同的教学媒体、设计不同的实施方案，以实现促进学习者学习、提高教学质量的目的。一般来说，学习是指学习者因经验而引起的行为、能力和心理倾向的比较持久的变化。这些变化不是因为成熟、疾病或药物引起的，而且也不一定表现出外显的行为。可以从以下三个方面来理解这个定义：第一，这种变化持续的时间不是短期的而是长期的；第二，这个变化是指大脑中知识内容结构的变化或者学习者行为的变化；第三，变化的原因是环境中学习者的经验变化，而不是由于成熟、疾病、药物等引起的。从定义中可以看出，教学设计就是要选择恰当的技术、工具、方法等，以帮助学习者获得知识和能力的持久变化。

科学系统的教学设计，离不开现代教学理论、学习理论的指导。认知策略理论是当代学习理论中研究学生学习行为的重要理论，是信息加工理论和现代建构主义学习理论的重要内容。

（一）认知策略理论简介

现代学习理论认为，在学习过程中有一种重要的智慧技能——认知策略，这种技能对学习和思维具有重要的影响。它是一种“控制过程”，是学生赖以选择和调整他们的注意、学习、记忆和思维的内部过程。由于这种内部控制过程，人们的学习会变得更有效。认知策略是一种特殊的、非常重要的技能，是学生用来指导自己注意、学习、记忆和思维的能力。认知策略与指向外部环境的理智技能不同，它是指向学习者内部的行为。

（二）计算机技术课程教学设计中重视学生认知策略的必要性

1. 以理论指导计算机技术课程教学设计，克服盲目性。随着信息数字技术的发展，多媒体计算机进入了教学实践，由于其能提供多种感官刺激、缩短时空距离等优势，很快成为现代教育的重要教学资源，但是在其生动、信息量大等优势的背后，也存在着诸如学生来不及思考、跟不上教学进度等问题。在一些粗劣的课件中多媒体计算机甚至仅仅是教师板书的替代品，变传统教学中的“人灌”为“电灌”而已。这些问题的产生并不是多媒体教学本身的问题，在很多情况下是教师在多媒体教学设计中，缺乏现代学习理论、教学理论的指导之故。教学设计是一个运用系统方法解决教学问题的过程，理论性、系统性及可操作性是它根本的特征。多媒体教学设计只有建立在科学的系统的方法上，使个人的教学经验与科学的学习理论、教学理论相结合，才能使个人的教学艺术成为具有可操作性的共同的教学智慧，并在多媒体的帮助下，使这种教学智慧发扬光大，发挥更大的作用。

2. 多媒体教学设计中重视学生的认知策略有助于发展学生智力、培养学生学习能力。20 世纪 50 年代，布鲁纳的结构主义教学理论与赞可夫的发展性教学理论都不约而同地把发展学生的智力作为教学的重要目标。[①] 教学不仅仅是教学生掌握学科知识，更重要的是发展学生智力、培养学生进一步学习的能力。重视学生的认知策略正是从学生原有的学习能力出发，进一步发展其自学和学习能力，为其长远的学习服务。支持和培养学生的认知策略能力是发展学生学习能力的重要因素。

3. 发展计算机技术课程教学设计的理论。现代认知心理学的核心是信息加工论。信息加工理论认为，所有正常人生来就具有同样的一般信息加工系统，其基本性质对一般人而言是大体相同的。加涅的信息加工学习理论认为，学习的过程是感受器从环境接收信息，再经感觉登记、短时记忆到长时记忆，在需要时提取、处理的过程。在这个过程中，一种重要的内部心理监控过程——认知策略起着监控作用。认知策略是一种特殊的技能，学生是通过认知策略技能控制自己的学习、思维过程的。加涅认为这种策略是可以通过学习而得的，他认为认知策略是五种学习结果中的一种。在加涅的教学设计理论中，教学仅仅是一组支持内部学习过程的外部事情，其目的是引导迅速而无障碍的内部学习过程。教学设计必须以学生原有的认知策略技能为起点，并且在教学中去发展学生的这种技能。

---

① 杨竞华. 项目教学法在计算机教学中的应用［M］. 长春：吉林人民出版社，2021.

二、计算机教改的课程设计策略

（一）重视教学评价体系建设，促进教师发展

首先，教师自身的专业素养、执教能力直接影响计算机教学的最终效果。就实际情况而言，当下我国多数高职院校的师资力量依旧较为薄弱，难以承担起应有的教学任务。这就需要高职院校注重评价体系的构建，加强师资建设。当代计算机教师不仅要具有过硬的专业知识，还要有比较强的教学能力、职业素养，以便适应新时代下的计算机教育工作，让计算机教学水平迈上新的台阶。

其次，教学评价体系是核心，通过对教师的教育模式、教育方法、课程设计进行经常性地评价，帮助教师进一步掌握自身在教育方法运用上的不足，进而采取有针对性的改进策略，在以往的基础上进行完善和优化，帮助学生在后续的学习中获得最佳成效。因此，高职院校应重视评价的建设，从全新的评价角度出发，找出教师在教育模式及课程设计上的漏洞，并实现和现代教育的接轨，全方位促使教育体系的创新，最终全面提升教学效果。

（二）创新教学方法，凸显学生的主体地位

当下合作教学、项目教学、任务教学等多元化教学策略得到了广泛运用，为提高计算机教学效率提供了方向。因而，为构建优质的教育体系，实现学生的多元发展，教师方面应加强多元化教学策略的运用，以科学的教学方法为基石展开课程设计。为培养学生的团队协作能力、创新能力，教师可以采取合作学习模式，通过合作学习共同体进行课程设计，给予学生自主学习、合作探究的空间，在此模式下，学生能够通过同学之间的讨论、分析，展开自主探究，满足不同学生的个性化需求，促使学生全面发展。

为发展学生的实践能力、知识运用能力，教师也可以采取项目驱动教学，让学生在项目中取得多项成长。

首先，在具体的项目教学课程设计中，教师要规划教学流程，确保项目教学的有效展开。如先进行任务设计，让学生根据该段时间的学习内容或者根据之前学习的理论知识设计出与实际应用相近的情景模式，设定出任务主题，教师需要在课堂中进行陈述，比如计算机教学中的“XML 网页设计”“Web 编程设计”等。在主题确定之后，教师可以让学生自主组织团队，随后就可以着手设计任务书等，并根据项目的实际情况总结项目目标，通过小组成员的自主探究高效完成任务设计。

其次，教师要根据学生当前学习的知识点，完成学生的“知识迁移”，让学生选择适当项目，教师要示范项目的实践流程。小组进行分工准备，比如在“XML网页设计”中，一部分学生学生负责“页面美工”，一部分负责“代码编写”，另一部分学生负责“后期调试”，将具体分工在规定时间内交给教师。然后进行任务探究。为让学生对知识内容进行全方位理解和探究，可以让每一个学生通过资料查阅、实践操作，完成顶层设计，并将项目过程中遇到的问题、存在的不足及反思记录下来，呈递给教师。这一过程中，教师只起到监督和引导作用，教师教、学生学的局面得以扭转，每一个学生都能获得实践探究的机会，其自主学习能力、资料收集以及独立探究能力大幅提升，最后达到提升计算机教学有效性的目的。

（三）运用现代化教学技术，促进课程设计改革

随着时代的快速发展，信息化教学取得了广泛运用，网络教学平台、计算机、电子白板涌入了高职计算机课堂，给计算机教师落实教学改革、优化课程设计带来了新的渠道。通过现代信息技术和计算机课程相结合，教师可以利用相关软件进行课程设计，制作PPT、微视频，让课本知识变得“可视化”，进而激发学生的学习兴趣。

此外，信息化背景下线上教学平台得到了广泛运用，与过去的教学模式相比，线上教学平台更加智能化、个性化，对实现学生的个性化发展有着重大意义。在计算机课程教学过程中，融入现代科技，采用模块化教学的方式，加强线上教学与实景教学的融合。模块化教学是学生通过计算机学习了解整个学习过程和学习环节。通过线上课程的建设，加强对学生实践能力的培养，借助线上线下融合的方式，了解学生发展，满足学生的个性化需求，建立服务于“工控网络教学平台”的全方位、网络化、信息化、开放式的课程教学管理平台，营造立体化和数字化的教学环境，开辟出全新的计算机教学阵地。

（四）加强校企协同，培养实践应用型人才

学校和教师要积极联系企业，构建出“校企合作”“校外实训”等新时代教育的大格局。在秉持互惠共赢的原则之下，计算机专业教育可以加强和社会企业的交流与合作，企业可以为学校提供专业的计算机人才队伍，传递给学生更多的专业知识，校内也可以在开辟实践训练基地，形成“校中企”或者“企中校”的大实训格局。

其中，“校中企”主要由学校承担管理义务，组织学生进行计算机专业课程实训学习，而其培训义务则需要交由企业人员或者校内专业骨干人员承担。而“企中校”则交由企业主导，负责对即将毕业的计算机专业学生进行综合培训，给予学生更多的实践空间和应用

空间，助力其综合能力取得迅速发展，让学生能够迅速适应企业需求，全面提升其学习效果。

无论是在“校中企”还是在“企中校”，学生都具备实习生和学生的双重身份。通过这样一种“产学协同”“校企合作”的循环实践学习方式，让学生能够获得企业或者一线教师的联合技能传授，让学生所学知识紧密贴合岗位，也能让学生获得更加广阔的实践空间，让其职业能力、实践能力、创新能力螺旋式递增，为今后真正步入社会岗位打下坚实的基础。

（五）注重学生职业素养的培养，实现学生的多元发展

新时代下社会对于人才的要求不断提升，除了要求学生掌握专业技能外，还要求学生具备丰富的职业素养，通过职业素质教育，能够帮助学生更好地发展，为其进入社会奠定基础。因而，高职计算机教师在课程设计中要融入多种内容，给予学生更多的实践阵地，提高学生的实践能力、创新能力，传递职业技巧，着重培养 IT+OT 复合型人才。在课程设计过程中，加强对专业融合技能课程的讲解，并注重课程实训，保证学生可以了解计算机领域的最新运营场景，也可以了解计算机的真正操作流程，帮助学生更好地了解今后的发展，满足复合型职业素质教育的要求。

例如，教师可以组织“PPT 制作技能大赛”，让学生以小组为单位进行 PPT 制作，其制作主题可以结合当代企业的实际需求，让学生以团队的形式进行实践，在实践中发展自身的交际能力、合作能力及实践能力等，为学生今后步入社会奠定基础。

（六）整合课程内容，开发校本教材

高职院校自身也要具备自我发展意识，除了更新教学设备以外，还要针对社会行业的发展情况，提高对计算机教材改革的重视度，每隔三年进行一次教材修订，推进资历框架建设，实现学历证书和技能等级证书能够相互衔接与融合。然后，院校要不断进行社会调研，基于社会计算机企业的实际情况开发校本教材，实现计算机教育与社会的深度连接，让学生所学知识真正导向社会，能够顺利进入社会岗位，最终构建出全新的现代教育体系。

同样，教师也需要优化教学资源，传统的计算机教材具备一定的局限性，教师可以结合多媒体手段对教学内容进行延伸，也可以将教材划分为多个板块，每个板块都能提升学生不同的能力，从而实现资源优化，帮助学生取得最佳学习效果。

现代教育必然会随着时代的变化而不断变化，高职院校作为计算机教育的主要阵地，

要跟上时代的步伐，不能停滞于传统的教学方法、教学理念上，而是要立足于学生的实际需求，加大教育资金投入，构建出具备高职业素养、专业素养和执教素养的优秀教师队伍，确保这些教师具备较强的自我发展意识，能够积极运用多种教学策略，善于进行课程设计，从而从根本上激发学生的学习兴趣，提升学生的实践能力、计算机操作能力，最终全面促进计算机课程的改革。

第二节　计算机专业教学体系的改革

一、教学管理改革

（一）教学制度

1. 校级教学管理

一套成熟的教学制度应具备一个完整、有序的教学运行管理模式，如建设质量监控队伍，建立教学管理制度、教学工作的沟通及信息反馈渠道等。学校教务处应负责全校教学、学生学籍、教务、实习实训等日常管理工作，同时设有教学指导委员会、学位评定委员会、本科教学督导组等，对各系的教学工作进行全面监督、检查和指导。

学校教务管理系统还应实现学生网上选课、课表安排及成绩管理等功能。另外，教学管理工作在学校信息化建设的支持下，还能进行如学籍管理、教学任务下达和核准、排课、课程注册、学生选课、提交教材、课堂教学质量评价等工作。网络化的平台不仅可以保障学分制改革的顺利进行，还能提高工作效率，同时，也能为教师和学生提供交流的平台，有力地配合教学工作的开展。

学校应制定学分制、学籍、学位、选课、学生奖贷、考试、实验、实习及学生管理等制度和规范，并严格执行。在学生管理方面，对学生德、智、体综合考评，大学生体育合格标准，导师、辅导员工作，学生违纪处分，学生考勤，学生宿舍管理及学生自费出国留学等都做了规定。

2. 系级教学管理

计算机工程系自成立以来，由系主任、主管教学的副主任、教学秘书和教务秘书等负责全系的教学管理工作。主要负责制订和实施本系教育发展建设规划，组织教育教学改革研究与实践，修订专业培养方案，制定本系教学工作管理规章制度，建立教学质量保障体系，进行课堂内外各个环节的教学检查，监督协调各教研室教学工作的实施等。系里负责教学计划与任课教师的管理、日常及期中教学检查、学生成绩及学籍处理以及教学文件的保存等。

3. 教研室教学管理

系下设多个教研室，负责专业教学管理，修订教学计划，落实分配教学任务，管理专业教学文件，组织教学研究活动与教育教学改革、课程建设，编写修订课程教学大纲、实验大纲，协助开展教学检查，负责教师业务考核及青年教师培养等。

（二）过程控制与反馈

计算机学院设有本科教学指导委员会（由学院党政负责人、各专业系负责人等组成），负责制定专业教学规范、教学管理规章制度、政策措施等。学校和学院建立有本科教学质量保障体系，学校聘请具有丰富教学经验的离退休老教师组成本科教学督导组，负责全校本科教学质量监督和教学情况检查等。通过每学期教学检查、毕业设计题目审查、中期检查、抽样答辩、教学质量和教学效果抽查、学生评价等环节，客观地对本科教育工作质量进行有效的监督和控制。

1. 教学管理规章制度健全

学校以国家和教育部相关法律、法规为依据，针对教师培训制度、教学管理制度、教学质量检查与评价制度、学生学籍管理制度以及学位评定制度等制定了一系列文件，并针对教学管理中出现的新情况、新问题，对教学管理相关文件做及时的修订、完善和补充。在学校现有规章制度的基础上，根据实际情况和工作需要，计算机学院又制定了一系列配套的强化管理措施，如《计算机工程系教学管理工作人员岗位职责》《计算机工程系专任教师岗位职责》《计算机工程系实训中心管理人员岗位职责》《计算机工程系课堂考勤制度》《计算机工程系应用本科实习实训工作管理制度》《计算机工程系毕业设计（论文）工作细则》《计算机工程系教学奖评选方法》《计算机工程系课程建设负责人制度》等。

2. 严格执行各项规章制度

学校形成了由院长、分管教学副院长、职能处室（教务处、学生处等）、系部分级管理组织机构，实行校系多级管理和督导，教师、系部、学校三级保障的机制，健全的组织机构为严格执行各项规章制度提供了保证。

学校还采取全面课程普查，组织校领导、督导组专家听课，每学期第一周校领导带队检查、中期教务处检查、期末教学工作年度考核等措施，保证规章制度的执行。

二、专业实训建设与改革

计算机专业应用创新型人才培养要求学生具有较强的编程能力和数据库应用能力，初步具有大中型软件系统的设计和开发能力，具有较强的学习掌握和适应新的软件开发工具的能力以及较强的组网、网络编程、设计与开发、维护与管理的能力。

1. 实践教学师资建设

重视实践教学师资建设，加强教学经验与资源的总结、研究与推广，实现科研与教学的融合，采取引进与培养相结合的方式，不断优化教师队伍结构，全面提高教师队伍的整体水平。例如，积极引进急需的专业人才，同时加快现有师资力量的培养提高，加大“双师型”师资队伍建设的力度，通过选派教师参加企业实践、参加技师培训和考核、参与重大项目开发合作、赴国内外知名大学进修等手段，提高教师的专业理论和技术水平。目前，本专业绝大多数教师具有硕士研究生以上学历，具备从事软件项目的应用开发能力和较强的工程应用能力，同时多人具有在知名软件企业的工作经历，已基本形成既能从事“产学研”开发工作，又具有较高学术水平和发展潜力的教师队伍。

2. 开设专业课程设计教学

专业实践类课程包括与单一课程对应的课程实验、课程设计，与课程群对应的综合设计、系统开发实训等。每一门有实践性要求的专业课程都设有课程实验，根据实践性要求的高低不同开设对应的课程设计，课程设计为1~2个学分。每一个课程群的教学结束后会有对应的综合设计、系统开发实训课，以培养学生的综合开发和创新设计能力。

3. 进行多样化教学模式探索

多样化教学模式探讨，把适合实践课程教学的教学理论方法，如任务驱动式、多元智力理论、分层主题教学模式、“鱼形”教学模式等综合应用到网页制作、数据库设计、程序设计、算法设计、网站系统开发等课程中，利用现代通信工具、互联网技术、学校评教系统，以及课堂、课间师生互动获取教学效果反馈，根据反馈结果及时调整教学方式和课程安排，以有效解决学生在理论与实践结合过程中遇到的问题，在解决问题的过程中逐步提高学生的应用创新能力。

4. 开展学生创新创业项目

对学生进行专门的创新创业启蒙教育（约5个学时），引导学生增强创新创业意识，形成创新创业思维，确立创新创业精神，培养其未来从事创业实践活动所必备的意识，增强其自信心，鼓励学生勇于克服困难、敢于超越自我。

鼓励学生申报校级、区级、国家级创新创业项目，安排专业知识渊博、实践经验丰富，特别是有企业工作经验和科研项目研究经验丰富的教授、博士、硕导作为项目指导教师，对学生的项目完成过程进行全程指引，以促进培养学生的实践应用创新能力。

5. 组织学生参加各类竞赛

积极组织学生参加各种专业技能大赛，并组织教师团队对参赛的学生进行专业知识和技能培训。通过参加竞赛充分培养学生的创新思维能力，检验学生对本专业知识、实际问题的建模分析，以及数据结构及算法的实际设计能力和编码技能；鼓励学生跨专业、跨系、跨学院多学科综合组建团队，通过赛前的积极备战，锻炼学生刻苦钻研的品质，培育团队协作的精神，增强学生的动手能力和工程训练，提高学生的创新能力和分析问题、解决问题的能力。

6. 创建“四位一体”实践模式

在“以生为本，学用并举”的实践教学理念指导下，构建课程实验、“两个一”工程、学科竞赛、校外实践基地等“四位一体”实践教学新模式，创建基本操作训练、编程训练、设计训练、综合开发训练的“四训练、五能力”课程实验模式，改革实验教学内容和方法，创建“开发一个软件系统、组建一个网站”的“两个一”工程校内实践模式。

积极开展实验实习实训活动，特别大力开展特色实践教学建设，由“实践基地+项目驱动+专业竞赛”共同构建实践平台，实现“职业基础力+学习力+研究力+实践力+创新力”的人才培养。

三、实习改革与实践

大学实习可以说是学生大学生涯的最后一个学习阶段，在这个阶段，学生学习如何把大学几年所学的专业知识真正应用到职业工作中，以验证自己的职业抉择，了解目标工作内容，学习工作及企业标准，找到自身职业技能的差距。实习的成功将会是大学生成功就业的前提和基础。为了让学生能尽快适应实习工作，针对应用创新型人才培养的要求，可以围绕实习工作进行以下改革和实践。

（一）实践基地建设

积极与行业企业基地联系，开拓实践教学基地和毕业实习基地，积极与企业探讨学生的实习内容与实习形式，给学生创造更多的实践与技能训练的时间和空间，培养学生的实践能力和操作技能，提高学生的管理和实践能力。

根据国内 IT 企业对计算机应用创新型人才的不同需要以及软件企业岗位设置与人员

配置的情况，分析本校计算机专业实践基地建设与学生专业应用创新能力现状，提出“教研结合，分类培养，胜任一岗，一专多能”的实践基地建设思路，建立与完善软件开发、通信与网络技术、软硬件销售等多种类型的计算机专业实践基地。同时通过实践基地的建设，提高学生的项目管理、需求分析、数据库设计、软件设计、软件测试、网络技术、硬件安装测试与销售等专业应用能力，更好地实现本专业分类培养应用创新型人才的培养目标。

（二）建立多方面共同考核的实习评价机制

提高高等院校计算机科学与技术专业应用创新型人才培养质量的重点是加强学生实践能力和创新能力的培养。在“以生为本，学用并举”的实践教学理念指导下，创建以科研项目形式推进和管理的学科竞赛创新实践模式，建构双师指导，分类培养，建立“两个一”工程导师制，建立学校、软件开发公司、通信网络公司、软硬件销售公司、中等职业学校、IT 企业等实践基地，建立学校、竞赛、公司企业实践基地等共同考核学生专业应用能力的评价机制。

四、毕业论文改革与实践

近年来，由于社会浮躁心态、毕业生的就业压力、学校教师资源等因素的影响，本科毕业论文总体质量呈下滑态势。为提升毕业论文质量，广西科技大学在本科毕业论文质量提升体系方面进行了改革实践与探索，取得了良好的效果，具体措施如下。

（一）工作组织

成立本科毕业论文工作指导小组，由教学副院长以及系主任、3~5 名骨干教师组成，统筹安排毕业论文相关工作，包括选题、开题、中期检查、答辩等。其具体职责是：制订毕业论文工作计划；监管选题和审题工作；审批指导教师及答辩委员会人选；检查工作计划执行情况，并进行最终的毕业论文工作总结。

（二）选题工作

选题工作的实践原则：合理选题，调动学生积极性；提前选题，实现长时间培养。论文选题工作一般在第七学期期末进行，一般是学院教师定题、学生被动选题的固定模式，学生在选题过程中的自主性较低，忽视了其兴趣及特长对毕业论文质量的影响。部分题目重复现象较多，缺乏创新性。此外，一些题目过大过空，脱离本科阶段培养目标，严重与就业脱轨等。所以论文选题应结合生产实际，符合专业培养目标，体现科学性、实践性、创新性。为保证选题质量，要求每人一题，且三年内题目不得重复。学生在企业、单位实践实习期间深入调研，可主动提出毕业论文建议题目，经与导师论证后正式立题。

（三）指导教师

1. 探索开展本科生导师制，帮助学生系统规划大学的学习与生活，提高学生的自我学习能力、实践能力和科研能力，提高学生的个人综合素质，直至负责学生毕业为止。

2. 探索开展双导师制，即本科毕业论文指导工作由所在高校和相关企业共同完成，包括企业导师和学校导师。为保证指导质量，每名指导教师指导学生原则上不超过三名。

3. 毕业论文协同指导与交流。协同指导，是指以小组为单位，指导模式由传统的学生与指导教师间的多对一关系转变为多对多关系，即教师间相互合作、协同指导。

（四）过程管理

在传统培养模式下，学生毕业论文全部在学校完成。

1. 探索开发新的培养模式，可以将毕业论文执行过程分为主体框架搭建阶段和后期完善阶段。其中主体框架搭建阶段为第 8 学期 1~10 周，主要在合作企业完成；后期完善阶段为第 8 学期 11~15 周，主要在学校完成。

2. 分段实施。借助于教学科研平台，实施大学生创新实验项目，实施优秀学生提前进入实验室计划。对学习成绩优秀、专业思想牢固、热衷于创新和科学研究的同学，通过选拔，提前进入实验室，将毕业论文工作前移。

3. 环节控制。建立和完善论文质量监控程序，在毕业论文写作的各个环节都要建立不同的质量监控措施。

（五）答辩与成绩评定

1. 传统模式

学生在完成毕业论文后，应向所在学院提出答辩申请，学院审核后提前公布具有答辩资格的学生名单及具体的答辩时间，安排进度表。如果毕业论文评阅不合格，或本科学习阶段有严重违纪行为，不能获得答辩资格。答辩过程可以包括成果陈述和答辩提问两个环节，每个环节持续时间一般为 10~15 分钟。答辩小组依据学生论文质量与答辩临场发挥情况，评定答辩成绩。

2. 探索评定新模式

（1）与创新性专业竞赛挂钩。鼓励学生将毕业设计与参加创新性专业竞赛相结合，通过参加比赛，既能促使学生灵活、有效地运用所学的专业知识，又能激发学生对专业领域问题的研究兴趣，从而产生创新性知识。毕业论文成绩与竞赛成绩进行挂钩，既有效地提高了毕业设计的创新性和实用性，又极大地提升了学生的动手能力。

（2）与在学术期刊发表挂钩。鼓励学生将毕业论文进行提炼，向学术期刊投稿。若论文能在学术期刊发表，既可以充分反映毕业生对专业知识的理解和运用能力，同时因为学术期刊的严格审稿制度，理所当然地可以认定为一篇好论文。据此，由毕业论文工作指导小组从学术道德规范、期刊等级等角度，对应评价论文为“优”或“良”。

（3）与申请软件著作权挂钩。鼓励学生将毕业论文设计中的代码部分进行整理规范，申请构件著作权，若申请成功，则由毕业论文工作指导小组从代码质量和工作量以及潜在的应用价值角度，对应评价论文为“优”或“良”。

第三节　计算机专业核心课程教学改革

一、高级语言程序设计课程教学改革实践

（一）C语言课程教学内容的调整

现有的C语言程序课程的教材，大都存在以下明显的特点：重视语法结构的讲解，所给出的案例大多是科学计算的编程问题，例题之间缺少意义或知识结构上的关联。我们发现，如果仅按教材的内容按部就班地进行讲解，会导致学生在学习中只能被动地接受一个个孤立或者断裂的知识点，难以形成比较系统的知识架构，无法激发学生的学习兴趣。为此，我们整理了大量C语言程序设计的编程实例，将这些例题按三个层次在教学过程中逐步呈现给学生，以提高课堂教学质量。这三个教学层次为：打好基础，掌握语法结构；拓展案例，解决实际问题；项目案例，激发学习兴趣。

1. 打好基础，掌握语法结构

掌握语法结构是编写程序的基础，没有正确的语法，程序不可能通过编译，也不可能检验任何编程思想。因此，掌握正确的程序设计语言的语法结构，是学生建立编程思想、解决实际问题的基础。

帮助学生打好语法基础，现有教材里关于语法知识的例题都能很好地说明问题。我们仅以程序设计的三种结构简单举例说明。

顺序结构：求三角形的面积问题等。

分支结构：求分段函数问题等。

循环结构的 n 个数相加：求 n！问题等。

循环结构和分支结构嵌套：找水仙花数、找素数问题等。

这些例子因为求解思路明确，特别方便用于解释程序结构，因此是现有教材中的经典例题。但这些例子过于严肃和单调，与当代计算机便利有趣的形象相去甚远，学生不禁会问：我们学这些程序设计的语法到底有什么用？

2. 拓展案例，解决实际问题

为回答上述学生的问题，我们在学生掌握了教材内容相应的知识点后，从教学案例资源库中选取一些解决生活中有趣的实际问题的案例，让学生思考练习，并进行一定的讲解。一方面，提高学生的学习兴趣；另一方面，在讲解的过程中，也有意识地渗透当前计算机领域的科技前沿，培养学生的大数据思维。

3. 项目案例，激发学习兴趣

C 语言程序设计课程要求学生在修完课程内容后，完成相应的课程综合实训练习，即完成一个小项目系统。为此，我们设计了一个简单的项目系统——个人财务管理系统，贯穿整个程序设计的教学过程当中，一方面激发学生的学习兴趣，另一方面也帮助学生对课程综合实训练习做一些心理和知识的准备。

教学案例的整理，使得在 C 语言程序设计课程中开展分层教学具有很强的可操作性，使得教师能够依据具体的案例，贯彻“从程序中来，到程序中去”的教学指导思想，逐步提高学生的编程能力。

（二）探索高效的课堂教学方法

课堂教学是向学生传授知识的重要环节，提高课堂教学质量，对帮助学生掌握学科知识、提高能力尤其重要。

1. 利用支架理论

支架式教学是建构主义的教学模式下已开发出的比较成熟的教学方法之一。美国著名的心理学家和教育学家布鲁纳认为，在教育活动中，学生可以凭借由父母、教师、同伴以及他人提供的辅助物完成原本自己无法独立完成的任务。这些由社会、学校和家庭提供给学生用来促进学生心理发展的各种辅助物，就被称为支架。

苏联著名心理学家维果斯基的“最近发展区”理论，为教师如何以助学者的身份参与学习提供了指导，也对“学习支架”做出了意义明晰的说明。维果斯基将存在于学生已知与未知、能够胜任和不能胜任之间，学生需要“支架”才能够完成任务的区域称为“最近发展区”。教师在教学活动中，要创造“最近发展区”，向学生提供“学习支架”，帮助学生顺利穿越“最近发展区”，并获得更进一步的发展。另外，教学还必须保持在“发展区”内，教师应该根据学生实际的需要和能力，不断地调整和干预“学习支架”，利用“支架”培养学生的探究能力，并最终解决问题。

在高级程序设计语言教育中，学生在理解与内存“绑定”有关的概念内容时存在很大的困难，如变量名和变量名对应的值、变量的存储类型、变量的生命周期和可视域，函数的定义和调用、函数的参数传递等，是非常抽象且难以理解的。而这些概念又往往是跟踪调试程序、理解程序运行机制的关键所在。因此在学习 C 语言程序设计过程中，概念意义的不清已经成为学生掌握知识的主要障碍。

学生之所以对上述概念感到困惑与不理解，是因为学生对于 C 语言中的变量或函数在运行时必须与内存地址空间进行“绑定”没有起码的概念。而现行的 C 语言教学模式强调的是对语言语法规范的掌握和程序的编写，几乎不涉及高级语言程序是如何实现的。

高级语言的实现方法属于编译原理与编译方法课程的研究范畴。而“编译原理”是“高级语言程序设计”课程的后继课程。在“编译原理”关于目标程序运行时的存储组织课程内容中，很清楚地说明了程序运行时栈式存储的典型划分。

在实际教学中，我们不可能给学生详细解释编译的原理，但在讲解 C 语言中与程序存储分配有关的概念时，如变量的生命周期和可视性，以及函数参数传递方式，教师可以上述知识作为“支架”，引导学生观察和理解变量在程序运行期间的存储位置和活动过程，合理设计教学过程，帮助学生顺利完成这些较难理解的概念的学习。

同样，在高级程序设计语言中，函数的参数传递有两种方式：值传递和地址传递。学生在理解不同参数传递方式下程序的运行结果时，存在很大的困难。

教师可以借助于编译原理课程中，编译系统将根据各个函数的调用顺序，为函数活动记录分配相应的存储区，函数活动记录包括函数参数个数、函数临时变量等内容，在教学设计时作为知识“支架”，帮助学生直观地理解两种参数传递方式的不同。

学科教学团队在探索高质量教学的实践中，通过将支架理论引入 C 语言的概念教学中，利用编译原理中有关程序运行时存储分配的知识作为“支架”，帮助学生掌握“变量的生命周期和可视性”“函数参数传递方式”等难以理解的重要知识，有效地突破了教学难点，提高了课堂教学质量。

2. 开展有效教育

有效教育（Effective Education in Participatory Organizations，简称 EEPO）理念由孟照彬教授所创建，近年来在教育领域引起广泛的关注。① 其理论与操作体系力求从中国基础教育和绝大多数学校的实际出发，探索学校提高教育质量、加强素质教育的新途径和新方法，并使之在学校师生双边教育活动中更加“有效”。

EEPO 包括思想、理论、方法三大体系，涵盖教学学习、评价、备课、管理、考试、课程、教材等方面，包括要素组合课、平台互动课、哲学方式课、三元课等十大主流课型，操作性、实用性强，容易被教师接受。同时，EEPO 与以往以知识为前提的教育不同。它是以思维为前提的教育，注重学生张扬个性和创造精神的培养，顾明远教授曾称 EEPO 是教育方式的一场变革。

（1）学的方式的训练

学习方式是组织学生在学习活动和社会活动中经常使用的系列方法的总称。在 EEPO 学习方式操作系统中，学的方式方法有 12 组，其中具备基础性特征的学的基本方式主要有三组：五项基础、五个速度、五种排序。五项基础的范畴是单元组，约定、表达、呈现、板卡、团队。要走出讲授灌输式的怪圈，基本前提是对五项基础进行严格而又巧妙的训练。五项基础是后续教学活动能顺利进行的前提，如果五项基础训练不到位，那么可能会出现课堂上混乱、教师把控不了课堂的情况。

在进行有效教育课堂教学方式的探索过程中，我们采用学科导向性团队的训练方式，在每次课前 10 分钟进行特定的学习方式训练，训练内容包括小组组建、约定与规则、动静转换、一般性激励、学习的表达呈现、团队合作等。经过几次课的训练，学生较快地形成了本学科的学习方式。

①单元组训练。单元组根据人数的不同又可以分为小组、大组、超大组、随机分组、特别行动组、编码系列组、原理形态组等。教师可以根据班级人数及教学内容，重点训练 2~4 人、4~6 人规模的小组随机分组的组建练习。

②约定与规则。约定是师生、生生之间事先确定的用某些口头语言或肢体语言来表达的某种信息。考虑到大学生已经是成年人，我们采用最简单的“OK”手势表示明白、准备好、完成等信息；用手掌向前表示不明白、没准备好等信息；用快速三拍掌表示小组活动时间结束，迅速回位安静等待教师进行后续教学活动。经过训练，师生间、生生间已经配合默契。

---

① 黄建德. EEPO 有效教育在中职计算机网络课程教学中的可行性研究［J］. 课程教育研究，2016（9）：7-8.

③合作学习训练。合作是需要技术的，很多同学不会合作，因此，教师应重点训练他们的关注、关照、倾听、资源利用、亲和力等方面，在每次小组合作学习之后都会让学生对各成员在小组任务完成过程中的表现进行组员评价、自我评价。通过几次合作学习训练，同学们基本掌握了团队合作必备的基本技能。

（2）教的方式的训练

在EEPO课程方式操作系统中，教的方式共有12种，其中具备基础性特征的教的基本方式主要有三种：要素组合方式、平台互动方式、三元方式。我们在教学中主要采用要素组合方式，下面以专业教师在“选择结构”这一章节的课堂教学为例进行说明。

选择结构中的if语句看似简单，但如果同学们不能理解其内涵的话，很容易与其后的循环语句相混淆。因此在设计教学内容的时候，对于每个知识点（关键项）都采用多种手段、多要素结合的方式进行教学。例如，第一部分用案例导入，让学生经过自己独立思考、小组讨论、模仿案例编程三种手段通过把看、听、想、说、做几种要素相结合，来强化学生对if语句第一种形式的认识。第一种形式是根本，学生掌握了第一种形式，后面两种形式就很容易理解。学生的动静转换时间基本是8~10分钟，既恢复了学生的体力，也保证了学生集中注意力，全神贯注地投入学习，大大提高了学生学习的积极性和有效性。

（三）C程序设计课程考核方式改革探索

以往的程序设计课程考核大多采用笔试的方式，这使得程序设计课程由一门以培养编程技能的课程，变成了考核学生死记硬背课本知识点的理论课程，这违背了提高学生计算思维能力、利用程序设计解决实际问题的教学目的。为改变这种学生靠考前突击背知识点、背题目也能考出高分的不当现象，我们进行了程序设计课程考核方式的改革。新的考核方式依托教学资源库中的在线评测系统，对学生的实际编程能力进行考核。

具体为课程考核课成绩分为两个部分：50%为平时成绩，50%为期末考试成绩。平时成绩的评价要求学生上评测系统完成相当数量的程序设计题目，若没有完成指定数量的题目，则取消本学期学生参加期末考试的资格，学生只能申请下个学期参加期末考试。若学生完成指定数量的题目，则根据学生完成题目的质量，给学生适当的评分。期末正式考试也在评测系统上进行，教师通过评测系统了解学生实际编程能力，以此为依据设计不同难度的考题，并设定好考试时间组织学生在机房考场登录评测系统，在规定的时间内完成考题。

进行考核方式改革后，同学们普遍反映学习的压力大了，动力也大了。很多同学逐渐改掉了一回宿舍就玩游戏的毛病，变为抓紧时间上系统做题，并形成了在宿舍跟志同道合的同学共同讨论解题思路、共同学习、共同进步的良好学风。同学们的实际编程能力和学习效果在实践中也得到了明显的提高。

二、软件工程课程教学改革实践

（一）软件工程课程教学改革的背景

软件工程课程是计算机类专业的一门重要专业课程，在学科教学中有着重要的地位。同时，由于其理论性与实践性较强，因此长期以来都是计算机专业学科教学的难点。对于软件开发来说，软件工程是必须掌握的核心知识与技能。对于将来从事软件开发工作的学生，掌握软件工程学知识至关重要。

因此，必须加强软件工程课程的教学工作。现在的软件工程课程教学存在一些问题，比如不少教材内容比较陈旧、知识结构不完善、缺少实践环节，有的教材所教授的知识和技术落后于时代发展与应用实际的内容，有的教材则忽视了某些方面的核心知识，对相应的内容仅仅是一带而过。

在当前的时代下，软件工程技术的更新与发展越来越快，对于学科教学来说也同样如此。因此，在内容上进行及时的更新，展现软件工程的新发展，成为困扰软件工程教材建设的关键问题。软件工程在教学上的问题主要表现为太注重基础理论与知识传授，实践和实训课时少，对创新能力的培养不足。

为此，很多学校采用基于项目的教学法进行教学。但是课堂教学中的项目实践与真实的软件开发环境相比还有较大的差距，这种差距主要表现在：用户需求与软件架构都是教师预先设定好的，项目开发的流程较为固定，为了课堂教学的顺利进行，需要保证项目在可控范围内，对于用户需求来说，也不会出现不兼容或不合法的情况。此外，软件工程课程的教学内容是针对较大规模的软件项目开发而设计的，很多知识建立在实践经验基础之上，传统板书式是一种注重理论知识传授的教学方法，对于学生来说，他们大多没有参与过实际的项目开发，因此也不具备相关经验。

因此，难以把握住软件工程课程的关键，从而在课程的学习过程中产生虚无感，这会使软件工程课程的教学仅仅停留在形式的层面，进而使学习效果大打折扣。所以，探索软件工程课程改革具有重要的现实意义。

对软件工程课程教学进行改革应实现以下目标：以市场需求为改革方向，以应用型人才培养为目标，按照社会需求确定培养方向，采用适应多层次的课程体系，全面加强素质教育，调动学生学习的主动性和积极性，使学生在理论和实践两方面的能力都得到培养；

可以学习借鉴国内外软件人才培养经验，对教学模式、教学方法、教学内容设置、课程设置等内容进行改革；以软件企业的实际需求为依据，以工程化为培养方向，对软件工程课程的人才培养模式进行改革，培养出具有一定竞争力的复合型、应用型软件工程技术人才。

（二）软件工程课程教学的改革实践

在软件工程教学实践中，实践教学所营造的软件开发环境难以达到实际软件开发环境的程度，一直是困扰软件工程教学的难题。由于实践教学与实际环境存在较大的差异，因此使得教学难以满足软件开发尤其是较大型的软件开发的需要。在传统的软件工程课程教学中，教师以教材为教学的主要内容，以板书的形式向学生教授软件工程的相关理论知识和实践技能。这种方式对于学生解决实际问题的能力培养来说，并不能起到很好的效果。

另外，虽然在传统的软件工程教学中也含有实践环节，但是在课时、实施条件等因素的限制下，实践课程所提供的项目往往是较为简单的，难以体现出软件工程的复杂性和内在本质。对于软件工程课程的教学来说，模拟教学法所营造出的软件工程开发环境更为接近实际，因此可以通过实施模拟教学法实现软件工程课程在教学上的改革。

以模拟教学法开展软件工程的教学，就是使学生在更为接近现实软件开发的环境中进行相关理论与技术的学习，围绕教学内容，对软件开发环境进行模拟。软件工程的模拟教学需要借助模拟器进行，具体来说，模拟器应满足以下要求。

①能够体现软件工程的基本原理与技术；

②能够反映通用的和专用的软件工程过程；

③使用者能够进行信息反馈，以便让使用者做出合理的决策；

④易操作，响应速度快；

⑤允许操作者之间进行交流。

综合国内外软件工程模拟教学实际，当前软件工程课程主要使用三种模拟器实施模拟教学，这三种模拟器分别为业内或专用的模拟器、游戏形式的模拟器、支持群参与的模拟器。

1. 业内或专用的模拟器教学法

业内使用的模拟器是一种综合了当前通用或者专用软件开发过程中特定问题的模拟器，如软件开发中的成本计算、需求分析、过程改进等。由模拟器向操作者提供输入指令，操作者进行信息的输入，最终得到结果的输出。在模拟过程中，操作者可以依据中间结果，对有关参数和流程进行调整和改变。在使用业内或专用的模拟器教学法时，往往从简单的任务入手，随着教学过程的发展，模拟过程也不断深入，不断增加任务难度，从而达到对软件开发周期的全面覆盖。

2. 游戏形式的模拟器教学法

由于业内或专用模拟器随着模拟过程的深入，任务的难度会不断加大，因此，考虑到学生实际水平等方面的因素，在教学实施上有一定的难度。此外，在业内或专用模拟器教学中，虽然操作者能够实现对参数的调整，但是在交互性的效果上并不是很好，这也为学习者在使用上增加了难度。而以游戏的形式实现软件工程的模拟，对于学生来说更愿意接受，学习的积极性也更高。游戏形式的模拟器通常具备以下功能。

①以技术引导操作者完成软件开发；

②能够演示一般的和专用的软件过程技术；

③能够对操作者做出的决策进行反馈；

④操作难度小，响应速度快；

⑤具备交互功能。

3. 支持群参与的模拟器教学法

实际的软件开发通常都是由团队完成的，团队成员间的交流与合作是影响软件开发的关键因素。支持群参与的模拟器的特点就在于对团队工作环境的模拟，通过模拟器，实现群体的讨论与交互。在支持群参与的模拟器教学法下，每一个部分的参与者都能够通过模拟器实现相互间的讨论与交流。

4. 基于项目驱动的教学法

基于项目驱动的教学方法源于建构主义理论，它以项目开发为主线组织和开展教学，在教学过程中，学生居于主体地位，教师负责对学生的实践过程进行指导。任务驱动教学法在特点上始终坚持以任务为中心，实现了过程与结果的兼顾。在项目驱动法的教学中，教师负责将学生引入项目开发的情境中，通过项目开发中所遇到问题的解决，实现学生对于软件开发知识的探索和掌握。

对于项目问题的解决，也应以学生为主体，通过学生间的交流与合作完成，教师则应负责对学生提供相应的指导。实施项目驱动教学法的目的就在于将学生置于软件开发的任务之中，以任务激发学生的积极性，使学生在完成任务的过程中，建构起自身的知识结构，得到综合能力的锻炼。

这里所说的项目，不仅可以指教师在课堂上给学生布置一个大题目，也可以指直接与企业进行合作，利用企业当前正在开发的项目。在课堂上通常难以提供真实软件开发这样的环境，可以通过走出去，到基地进行实习和实训。一个实际的典型的软件项目在很多方面对于开发者来说是具有挑战性的。

首先开发者要了解项目背景；用户需求是不断变化并且不一致的，开发者必须与用户进行深入交流；开发团队的成员对所采用的技术还不是很熟悉，可能会遇到一些没有预先估计到的技术问题。此外，技术外的因素也是需要考虑的。比如，团队中成员如何进行沟通，他们对其他成员的工作风格、习惯等是否接受，等等。

基于项目的教学，其目的有以下四个方面。

第一，让学生在一个与真实软件开发相近的环境中进行学习，使学生成为学习的主体，实现学生的自主学习。在任务的驱动下，学生为了解决任务中出现的问题、完成任务，就会主动搜寻相关信息，使学生通过主动的学习行为获得知识的积累。

第二，培养学生团队合作的意识和能力。软件工程的项目通常需要通过团队进行。在项目驱动的教学过程中，项目的完成需要以小组为单位，学生会被分为若干小组。项目的完成就成为小组共同的利益，小组中的每一个个体都会对项目的完成情况产生影响。不同于单人完成的任务，在小组共同完成任务的过程中，小组中的成员难免会出现分歧和争论，只有通过相互之间的交流和协调达成共识，以小组的集体利益为重，通力合作，才能够顺利地完成任务。这就使得学生既获得了技术和知识的锻炼，又培养了团队意识与能力。

第三，培养学生分析和解决问题的能力。任务设计之后，学生需要对任务进行讨论，自主地分析任务、提出问题。通过讨论和分析，学生的主动性和创造性能够得到充分的发挥，使学生在主动的参与中获得在分析和解决问题上能力的提升。对于学生来说，这方面的能力不仅是软件开发所必备的能力，对于其他领域来说同样是一项重要的能力。

第四，培养学生的实践创新能力。创新的实现离不开实践。在任务驱动的软件工程教学中，各个小组所面临的任务是相同的，但是不同的小组所提出的解决方案却各有不同。这是由于不同的学生在知识背景上有所不同，对于任务不同的人也有着独到的理解。学生在完成任务时，会基于自身的理解进行创新性的设计。任务的提出能够引发学生的创新思维，任务的实现能够将学生的创新思维转化为实践，这就使得学生的创新思维和能力得到提高。综合来说，在软件工程课程中实施基于任务驱动的教学方法，最大的优势就在于能够充分发挥学生的主动性，使学生在主动的学习和实践过程中，获得多方面素质和能力的提升。

三、面向对象程序设计课程改革实践

（一）面向对象程序设计课程改革的背景

面向对象程序设计课程是一门理论性和操作性都很强的课程，也是高等院校计算机科学与技术、软件工程专业学生必修的一门核心专业基础课程。对该课程知识掌握如何，对于学生能否轻松学习其后续课程（如操作系统、计算机网络、软件工程、算法设计与分析等）具有重要的影响。同时，面向程序设计语言是第四代编程语言，又是目前软件开发的主流工具。因此，该课程所涉及的编程思想是一种全新的思维方式，其教学目标就是要求学生应用所学的专业知识解决实际问题，是学生从事计算机行业所必须具备的关键专业知识。该课程在计算机学科整个教学体系中占据非常重要的地位。

对于面向对象程序设计课程来说，其具有设计知识点多、语法结构抽象复杂等特点，这也使得学生学习和掌握这门课程具有一定的难度。因此应对面向对象程序设计课程的现状进行分析，找出其存在的问题，有针对性地进行教学改革。具体来说，传统的面向对象程序设计课程主要存在以下四个方面的问题。

1. 理论教学上的问题

教师在面向对象程序设计的课堂教学中，普遍采用理论教学加实践操作的教学方法。但是在理论教学中，教师对于知识的讲授往往存在一定的问题。大多数教师在教授理论知识时通常将其作为纯粹的理论知识，将语法规则和语法的使用作为教学的重点。实际上，这门课程的核心内容在于培养学生面向对象的思维能力，以面向对象的思维分析、描述和解决问题。教师在教学重点理解上的偏差，导致课程成为枯燥的理论教学，学生普遍缺乏兴趣和积极性，无论是教师的教还是学生的学，都难以取得理想的效果。

2. 实践环节上的问题

面向对象程序设计的实践教学主要是通过设置专门的实验课来完成的，由教师对实验题目进行布置，学生则利用实验课上机完成实验题目。

这种实践方式存在三个方面的弊端。

（1）课程设置上的问题

理论课与实践课分开进行，导致二者间原本紧密的关系变得松散。面向对象程序设计的理论课本就十分枯燥，学生的学习兴趣不高，再加上实践课与理论课存在一定的时间间隔，学生在上机实验时，早就遗忘了理论课所学的知识，从而导致上机实验效率不高，对学生能力的训练效果有限。

（2）实验题目上的问题

实验题目往往只是一些验证性的题目，对于学生实践能力的培养来说，真正需要的是那些针对性和设计性强的题目。这种验证性的题目往往难以使学生提起兴趣，也不能够起到培养学生创新精神的目的。

(3) 师资不足的问题

上机课的学生数量较多，而通常只有一名教师负责对上机的学生进行指导，学生在上机完成实验的过程中，难免会遇到一些问题，学生就需要向教师进行提问。由于教师精力有限，因此面对大量的学生提问难免力不从心，从而出现回答问题不及时、忽略某些学生的问题，这就会导致学生的信心和积极性受到打击，影响学生学习的主动性和学习效果。

3. 教学手段上的问题

由于多媒体技术在高等院校教学中的普及和快速发展，不少教师在课堂教学中都会利用多媒体技术以课件的方式进行教学。这样不仅能够使课堂教学中的信息量得到丰富，还使教师的工作负担得到减轻。但是课件教学与传统的板书教学相比也存在着一定的弊端。在对问题进行分析和解决的过程中，板书能够呈现出完整的、严密的逻辑推理过程。而课件中的内容大多是信息化的，难以对推理的思维逻辑进行完整呈现，学生在课堂教学中也难以从整体上对程序演进的过程进行把握。同时，利用课件教学还会导致课堂教学节奏的加快，有时学生还没有完全消化当前的知识点，教师就已经开始下一个知识点的讲授了。

4. 教学对象分析上的问题

当前不少高等院校的学生在学习能力上还有待增强，其学习习惯较差，具体表现为自我管理能力差，缺乏学习积极性，在学习中遇到一点问题、遭遇一点挫折就会放弃学习。

进入高等院校学习后，学生更应强调自主管理生活。有的学生在进入较为宽松的学习环境后，一时难以适应，导致其对于学习和娱乐不能进行合理的分配，将学习时间用于娱乐成为不少学生的问题。他们将大量的时间用于玩游戏、看影视剧、交友等活动，对于学习的兴趣和积极性不足，投入的时间也较少。

还有的学生在进入较为宽松的学习环境之后，就不再坚持中学时期形成的良好学习习惯了，在学习之外的事物上耗费大量的精力，平时不抓紧学习，一遇到考试就突击应付。在这种不良的学习状态下，是很难实现对专业知识的积累和专业技能的提高的。

(二) 面向对象程序设计课程改革的实践

1. 课堂教学内容的改革实践

首先，在课堂教学中可以采用对比的方法进行相关知识的讲授，即将面向对象的程序设计与面向过程的程序设计进行对比，通过对比加深对于面向对象的程序设计的相关理念、知识、逻辑关系等方面的理解。明确面向对象的程序设计的独特之处及其与面向过程的程序设计之间的区别，从而更好地促进面向对象程序设计课程的学习。

通过实际的程序，能够很好地向学生说明不同于面向过程程序设计的面向对象程序设计强调的是方法和属性的封装，对象的输出方法只能按类方法的定义，输出对象内部的数据。同时，程序也向学生展示了面向对象程序设计中“构造方法”的重要技术，能够帮助学生对面向对象程序设计建立正确的认识。

其次，在教材的选择上应尽量选择那些项目化的教材。传统的教材以理论作为教学的主要内容，不重视案例，即使有一些案例，其设置也较为分散。而项目化的教材，设计和编写了完整的项目，并以项目为主线编写课程教学内容。

对于高等院校计算机专业的教学改革来说，实施项目驱动式的教学，是教学方法改革的重要内容，对于面向对象的程序设计课程的教学改革来说，也应实现项目驱动式的教学，选择项目化的教材也符合课程教学改革的要求，从而将课堂教学中的理论与实践教学融为一体，以任务驱动学生的自主学习，通过真实环境的模拟培养学生的综合素质。

2. 实践课程教学的改革实践

结合高等院校学生实际的学习能力和学习现状，对于面向对象程序设计课程改革来说，将实验的讲授与实践相结合是一种符合高等院校学生实际的教学方式。在实验的选择上，教师讲授的实验与学生实践的实验应有所区别。教师讲授的实验应选择验证性实验，学生实践的实验则应选择项目型实验。

这种教学方法的具体实施就是教师以验证性实验为案例进行知识的讲解，通过案例讲解，学生能够更容易地理解知识，对于知识的理解也更深刻。在实践环节中，教师则选择项目型实验为案例，对其进行讲解，并要求学生完成项目型实验的实践，以此实现学生知识结构构建的。

在课程设计环节中，则应设计与所讲案例相符合的项目，将学生分为若干小组，以小组为单位完成任务。在设计项目时，应考虑到项目的难度，使学生既能够完成又能够锻炼学生的能力。

3. 教学模式和教学手段的改革实践

利用课件进行教学，既有一定的积极作用，也会带来一些不利的结果。因此，教师在改革课堂教学时，不能以一种方法完全替代另一种方法，而应将多种教学方法结合在一起。

首先，对于课件教学来说，在制作课件时，对于面向对象的重要概念，可以通过可视化的方式对其进行呈现，从而将学生的注意力吸引到概念上，降低学生理解抽象概念的难度。

其次，在编程实例的讲解过程中，对于编程的分析、设计、调适都应该在课堂教学的现场中进行，使学生能够更加直观、深刻地学习编程知识和调试能力，提高学生编程和调试的实际能力。

最后，教师还应充分开发网络教学资源，以对课堂教学进行辅助。例如，教师可以录制有关教学内容的总结性的短视频，便于学生随时观看和复习相关知识点。同时教师还应鼓励学生利用互联网进行自主学习，如通过互联网查询一些有关面向对象程序设计或相关问题解决的具体事例等，形成对课堂教学内容的补充。

在面向对象程序设计的教学中，为培养学生的编程能力和解决问题的能力，还应该探索双语教学模式。对于计算机专业的学生来说，英语对专业名词的掌握、相关文献的阅读、技术能力的提升都有巨大的作用。我国大部分的高等院校学生自身英语水平不足，这使得学生在学习计算时一旦遇到英语提示信息，就会感到茫然，产生畏难情绪。

可见，关于程序设计的计算机专业英语词汇对于学生学习兴趣的培养、编程能力的提高具有重要的影响。

双语教学即在课堂教学中使用母语之外的语言进行教学，从而实现学科知识与第二语言知识的同时发展。对于面对对象程序设计课程的改革来说，双语教学是一个值得探索的方向，实施双语教学，对于面对对象程序设计课程教学来说也有一定的积极效果。

（1）双语教学的实施

首先，在教材上，由于原版英文教材内容较多，且在条理性上与中文教材存在较大差别。另外，在实例的难度上也较大，对于学生的学习来说较为困难。使用英文原版教材进行双语教学，会造成有限的课时与过多的教学内容之间产生矛盾。因此，在双语教学的教材选择上仍应选用中文版教材。同时，对于教学团队，还应提出以下要求：一是对教材的内容进行总结归纳，力争更有条理性，提炼出让学生重点掌握的内容；二是对常见的编译错误提示信息、对程序设计中的重点英语名词进行收集和翻译，以便在课堂上能够随时提醒学生注意记忆。

其次，在教学措施上，面向对象程序设计是学生接触到的第一门面向对象程序设计语言，也是现代主流的程序设计语言。由于学生基础较差，难以抓住学习重点。因此，在授课过程中，要求任课教师认真地组织教学内容，突出重点，加强实例教学，通过实例讲解让学生更易于掌握所学内容。具体做法如下：

①介绍本节课的主要内容、重点难点，介绍教学内容中的主要关键词及其对应的英语单词。

②结合课本实例和编译环境的帮助文档中一些简单的实例，逐一讲解知识点。

③根据拓展例子引导学生解决实际问题，培养学生的学习兴趣。

最后，在学生的知识水平与能力差异上，大量的教学实践可以证明，学生在知识水平和能力上确实存在差异，具体到面向对象程序课程的双语教学来说，这种差异主要体现在外语与编程两方面的水平与能力上。外语水平高的同学很快掌握了在编译环境中如何利用帮助文档寻求语法帮助，如何根据提示信息对程序错误进行查找和改正，因此这部分学生编程能力提高很快；外语水平低的学生遇到的困难较大，编程能力提高较慢。

因此，在面向对象程序设计课程的双语教学中，必须关注到学生在能力上的个体差异，在内容和进度上进行适当的安排，以兼顾不同水平的学生。

一是可以对学生的水平进行调查，找出那些水平较差的同学，对其进行有针对性的教学；

二是针对不同水平的学生安排不同的练习与实践内容；

三是对水平较差的学生进行课后辅导，逐步提升他们的能力水平。

（2）双语教学的效果

从效果上来说，通过双语教学，学生在编程环境中能够翻译提示信息和文档中的英文实例，在对学生的英语能力提升产生积极效果的同时，还能够加深对于程序设计的国际化特征的认识。但是也应注意到，由于学生英语水平的限制，会造成学生花费大量的时间学习英语以适应英语教学，反而影响了学生在编程能力上的提升。

四、数据结构课程教学改革实践

（一）数据结构课程综合设计要求

数据结构课程主要涉及线性表、树、图等主要数据结构的特点及其基本操作，其中线性表难度最低，与C语言课程的内容衔接最紧密；树和图难度较高，对学生的要求也高。根据教学内容的特点，结合学生的学习能力、水平不同，我们在设计数据结构课程综合设计题目的时候，按层次教学的思想，将题目分为基础题和培优题。其中基础题以教学资源题库中的系统类题目为主，设计的模块主要是让学生在C语言课程实践中完成的系统基础上，利用数据结构的知识进行完善，将两门课程的连续性充分设计到综合设计题目中，让学生更具体地体会到两门课程的侧重点。

培优题以题库中的算法题为主，所设计的模块任务主要是让学有余力的学生能进行自我挑战，对复杂数据结构及其应用场景有初步认识。下面以基因表达式编程（GEP）算法为例说明培优题的设置要求。当然，在学生开始设计算法之前，需要教师给学生培训GEP算法的原理和各个模块的功能。

智能算法综合实践题目的模块设计，充分考虑了学生的能力和水平，其中每一个模块在整个算法框架下，都可以独立检验。学生选择这类综合实践题目，可以采用多种方式获得分数。

一是学生可以选择独立完成，独立完成的时候学生若完成所有模块，并能正确运行，则可以获得满分；若完成必须完成的模块后，可选模块只完成其一，也能够获得满意的分数。

二是允许学生组成小组进行分工，各自完成所有模块，共同实现一个完整的智能算法。

（二）数据结构课程综合设计的改革实践

数据结构是软件工程专业的一门核心基础课程，通过分析这门课程各自的教学侧重点，理清这门课程对学生能力要求的连续性和差别性，我们在设置这门课程综合实践题目的时候，充分利用教学资源库中的综合设计类题库，以简单系统设计为主，采用逐渐完善系统的方法，把这门课程所要求的知识点以模块化的方式添加到系统功能的设置中。这样的设置充分考虑了大部分学生的学习能力和技能水平，使学生能够学以致用，对这门课程所要求的知识点有了具体而连贯的认识。

同时，我们也考虑了尖子生“吃不饱”的状况，在数据结构综合实践课程中，根据复杂数据结构在智能算法中的应用场景，设置了智能算法模块实现的题目，向优秀的学生提供开启高级智能算法学习的钥匙，达到逐渐培养学生的大数据思维，进一步提高学生的编程能力和专业素养，培养学生应用专业知识解决领域问题的目的。

五、数据库原理与应用核心课程教学改革实践

（一）数据库原理与应用核心课程教学改革的背景

数据库技术是信息和计算科学领域的基础及核心技术之一，数据库原理与应用课程也是计算机专业的一项核心课程。数据库原理与应用课程的教学质量直接影响到学生后续课程的学习，也会对学生毕业设计的质量产生影响，直接关系到计算机专业人才的培养质量。要实现数据库原理与应用课程的改革就必须以培养应用型、创新性人才为目标。对数据库原理与应用课程在计算机人才培养上的作用和地位进行深入分析，找出数据库原理与应用课程教学中存在的问题，从教学内容、实验教学、创新能力培养、教学方法和手段以及课程考核等方面实现数据库原理与应用课程的改革，为培养高素质、高技术的应用型和技能型计算机人才提供必要的保障。

通过对数据库原理与应用课程的教学实际以及教学效果进行研究可以发现，其相关的后续课程如软件工程、动态网站设计难以正常开展，学生毕业设计的质量也不高，教学效果差。对这些问题进行原因分析可以发现，造成数据库原理与应用课程教学效果较差的原因主要有以下四个。

一是课程教学内容不符合社会的实际需求；

二是实践教学环节薄弱，不利于学生创新能力的培养；

三是教学方法和手段缺乏多样性，难以激发学生学习的主动性；

四是现行的考核制度难以实现对学生学习的综合评价。

在实际的工作中，数据库技术有着广泛的应用。要想使学生在毕业后能够更好地适应工作需要，使学生具有企业所需要的应用能力与技术能力，就必须提高数据库原理与应用课程的教学质量，实现数据库原理与应用课程的教学改革。在数据库课程教学过程中，教师不仅要重视数据库理论的教学，更应重视学生实际操作能力的培养，要理论联系实际。原理为应用提供理论依据和保证，应用为原理提供佐证。通过将二者整合优化，再结合课堂教学、课内实验、综合课程设计等环节，使学生在学习数据库原理的同时进行实际应用，不仅能加深学生对原理的理解，而且能加强学生实际应用数据库技术的能力，提高学生分析问题、解决问题、创新与实际应用的能力，并为学生后续课程和以后就业打下坚实的基础。

（二）数据库原理与应用核心课程教学改革的实践

课程的理论与实践之间有着紧密的联系，通过对这门课程的特点进行探索和研究，对数据库原理与应用课程的改革可以从以下三个方面进行。

1. 以理论与实践并重为原则开展教学

（1）以理论与实践并重为原则对教学大纲进行修订

数据库原理与应用课程的教育目标是培养社会需求的数据库应用人才，这就要求既具有扎实的理论功底，又善于灵活运用、富于创新。我们结合招聘单位对人才技术的需求和专业的培养目标及专业定位，每年组织教师定期修订教学大纲和教学计划，并要求教师严格按照修订的教学大纲进行教学。适当压缩数据库部分次要的理论内容，强化数据库的实验教学。另外，该课程的教学除了常规的理论教学和实验教学外，还设置了综合课程设计作为该课程常规教学的延伸和深化。

在数据库原理与应用核心课程教学改革的过程中，对于学时也可以进行一定的调整，从理论课程的课时中抽出一部分分配到实践课程的课时中，从而为学生提供更多的实践机会，提高学生的实践能力。同时，根据课时的变化，还应对相关的教学内容做出一定的调整。由于理论课课时有所减少，因此对于理论性较强的内容可以做适当的删减。由于实验课时增加，因此可以加入数据库操作、权限管理、数据库访问接口和数据库编程等内容，从而有效提高学生的实践与应用能力。大数据是当前时代发展的一个重要趋势，因此对于数据库原理与应用课程来说，还应该适时加入有关海量非结构化数据的管理与分析技术等方面的内容。

同时，不断更新数据库原理及应用课程的实验教学环境，及时将数据库原理与应用核心课程教学相关的软件更新到最新的版本，紧跟社会发展的趋势，使学生尽快接触到新技术，便于学生今后的就业。

（2）构建完善的数据库知识体系

在知识领域，数据库原理及应用基础理论以必需、够用为度，以掌握原理、强化应用为重点，教学中坚持理论与应用并重的原则。在课堂教学中注重理论教学、精选教学内容和突出重点的同时，还应注意各知识模块之间的联系，这些知识点也并非孤立的不同的模块之间存在着密切的关系。因此，在教学中要注重运用关系数据理论指导数据库设计阶段的概念结构和逻辑结构设计，用关系数据理论、数据库设计、数据库安全性和完整性等知识指导建立一个一致、安全、完整和稳定的数据库应用系统。

2. 采用模块组织实验培养学生的应用与创新能力

实验教学是巩固基本理论知识、强化实践动手能力的有效途径，是培养具有动手能力和创新意识的高素质应用型人才的重要手段，是数据库原理及应用课程教学中必不可少的重要环节。

数据库原理及应用课程只有将实验教学和理论教学紧密结合，并在教学中注重实验课程设计的延续性、连贯性、整体性和创新性，才能真正使学生理解课程的精髓，并调动学生的学习积极性，学以致用。同时，这也能帮助学生构建知识体系，培养学生的科学素养、探索精神和创新精神，真正达到培养应用创新型人才的要求。

如何科学地选择数据库原理及应用课程实验内容，组织实验模块，培养学生的应用实践能力和创新能力，从总体上提高教学质量，成为计算机专业数据库原理及应用实验教学改革的核心任务之一。

实验教学内容要完全体现培养目标、教学计划和课程体系，而且要求实验模块的组织方法能够体现先进的实验教学思想，提高实验教学质量。数据库课程实验必须紧密结合理论教学的相关知识点，围绕某个项目的数据库系统设计，将实验分为验证型、设计型和综合型三种类型。通过这些实验，应用软件工程的基本原则，让学生能够设计一些类似的数据库应用系统，使所学知识融会贯通。

3. 采用多元化教学方法与手段激发学生学习兴趣

在实际的教学过程中，合理地综合使用各种教学方法、教学手段，以学生为中心，采用案例教学法、项目驱动教学法和启发式教学法等相结合的教学方法，达到互相取长补短的目的。在教学过程中，针对不同学习内容，灵活应用这几种方法，取得了理想的教学效果，增加了学生的实践机会、自学机会和创新机会，极大地调动了学生学习的主动性和积极性，激发了学生探究创造的兴趣。

（1）培养学生独立探索的能力

建构主义学习理论认为，知识不是通过教师传授得到的，而是学习者在一定的情境（社会文化背景）下，借助他人（包括教师和学习伙伴）的帮助，利用必要的学习资料，通过意义建构方式获得的。项目驱动教学模式是一种建立在建构主义教学理论基础上的教学法，该方法以教师为中心，以学生为学习主体，以项目任务为驱动，充分发挥学生的主动性、积极性和创造性，变传统的“教学”为“求学”“索学”。

由于实验教学涉及的知识点过于零散，缺乏对学生系统观、工程能力的培养，我们在实验教学中将项目驱动法和案例教学法相结合，在实验教学设计上以一个学生较熟悉的数据库应用系统的设计与开发实验贯穿整个实践课程，该应用系统的设计与开发涵盖了数据库课程实验的每个实验模块和技能训练，而每个实验模块是整个实验课程的一个有机组成部分。

实施实验课程教学时，在实践教学的第一堂课就从演示一个学生较熟悉的完整的微型数据库应用系统入手，简要说明开发该系统所涉及的知识和技能，引起学生对一个数据库应用系统的构成和开发的好奇心，由此提出本课程实验将围绕此微型数据库应用系统的开发而展开。让学生每堂课都带着问题学习，目的明确，能充分调动学生的积极性，从而达到事半功倍的效果。实验教学内容设计具有连贯性和针对性，通过这样循序渐进的讲解、演示和实验，让学生充分理解数据库的概念和技术，从而经历一个完整的微型数据库应用系统的开发过程，达到熟练掌握知识和技能的目的。

整个教学过程以一个数据库应用系统的设计开发为项目主线，把零散的技能知识与训练串联在一起，以增强学生学习的系统性、完整性。教的过程是分块的，做的过程却是整体的，紧紧围绕项目工程开展教、学、做，学完之后学生非常有成就感，同时也产生了自主研发大型数据库应用系统的愿望，学生的自主学习和独立探索能力得到增强。

（2）利用启发式教学对教学难点进行深入研究

案例教学法是在教师的指导下，根据教学目标和内容的需要，运用案例来个别说明、展示一般，从实际案例出发，提出问题、分析问题、解决问题，通过师生的共同努力使学生做到举一反三、理论联系实际、融会贯通，增强知识、提高能力和水平的方法。

在数据库原理及应用中，关系型数据库是最常用的数据库，关系型数据库的设计都要遵循关系规范化理论，关系规范化理论是课程的重点，也是难点。教学中，教师通过采用案例教学法与启发式教学法相结合的教学方法，充分发挥两种教学法的优势，充分调动学生自主学习、主动思考的积极性，深入浅出，突出重点，化解难点。

首先是案例的设计。在教学组织上，选择学生熟悉的典型案例进行分析。例如，在图书借阅管理系统中需要记录读者所借阅的图书等相关信息时，人们很自然地会采用这样的关系模式来表示：借书（读者编号、读者姓名、读者类型、图书编号、书名、图书、分类、借阅日期)，进而提出“给定的这个图书关系模式是否满足应用开发的需要，是不是一个好的关系模式，如何设计好的关系模式”的问题。教师分别从关系数据的存储、插入、删除和修改等方面启发学生思考该关系模式存在的问题。

其次是案例的课堂讨论。通过以上的分析与讲解，组织学生进行讨论：如何修改关系模式结构，解决该关系模式存在的数据冗余和更新异常问题？如果要对关系模式进行分解，有哪些原则指导分解？分解是不是最优分解。教师通过设问一步步地启发学生进行思考、分析和讨论，最终了解关系模式好坏的衡量标准，了解好的关系模式设计的基本理论、方法，并能把这些知识应用到具体的项目开发过程中。

案例教学法与启发式教学法的综合运用，使学生能够积极主动参与到教学中，充分调动了他们的主观能动性，实现了教与学的优化组合。案例讨论不仅能够传授知识，而且能够启发思维、培养能力。这些教学方法，既改变了传统教学思路，增强了教学过程中的师生之间的互动，又使学生的主体地位得到了加强，调动了学生的学习兴趣。

(3) 采用分层教学促进学生实践

分层教学即先对学生实际的知识水平和能力进行考查，根据考查结果将学生划分为不同的层次，然后再在教学中对于不同层次的学生采取有针对性的教学策略，使每个层次的学生都能实现发展的最大化。

分层教学是由学生个体差异的实际所决定的，采取分层教学的方式正是对于学生个体差异性的认识和尊重。尤其对于数据库原理及应用这门课程来说，其在理论性和实践性上都较强，如果沿用传统教学方式，学习能力强的学生的学习需求得不到有效的满足，而学习能力差的学生在学习上则较为困难。为解决传统教学方式中的这一现象，有必要实施分层教学的方法，尊重学生个体差异，在个体差异的基础上实施有针对性的教学，从而使每个同学都能得到最大化的发展。分层教学也符合因材施教的教育理念。

分层教学法的实施需要对学生和教学两方面进行分层。对于学生的分层，可以以学习基础、学习能力、学习态度为考查因素，按照一定的人数比例，将学生划分为好、一般、差三个层次。

对于教学的分层，则可以细化为教学目标的分层、教学内容的分层、教学过程的分层、考核评估的分层四个方面。具体来说，在教学目标的分层上，应充分贯彻因材施教的理念。

对于处在“好”的层次的学生，对于教学大纲规定的内容，应对其制定较高的成绩标准。在达到优秀的成绩标准之后，对其进一步提升的学习需求，可以为其安排拓展课程。

对于处在“一般”层次的学生，对于教学大纲规定的内容，达到良好的成绩标准即可。

对于处在“差”这一的层次的学生来说，对于教学大纲规定的内容，在成绩上达到及格就完成目标了。

在教学内容的分层上，则在教学目标分层的基础上，分层进行教学内容的制定；在教学过程的分层上，对于处在“好”的层次的学生可以以参与的方式为主，鼓励这一层次的学生参与到教学过程中，在教学过程中实现对知识的发现和探索，培养学生综合分析问题和解决问题的能力。

对于处在“一般”层次的学生来说，则应可采取问题驱动的教学方法，以问题激发学生的兴趣。通过分析和解决问题的过程，实现学生对于知识的学习和掌握。对于教学内容中存在的难点，则应加强对其前后联系的讲解，并从不同的角度对解决问题的方法进行讲解。

对于处在“差”这一层次的学生来说，则适合采用启发式的教学方法，在知识的学习上实现温故知新，在复习学过的知识的同时，启发新知识的学习。对于这一层次的学生来说，基础知识是其学习的重点，在教学过程中应不断巩固他们的基础知识水平。由于这一层次的学生学习能力上有所欠缺，因此对于教师来说，在教学过程中，应注意多鼓励和帮助他们学习，使他们通过学习的进步不断增强自信心，逐渐提高自身的学习水平和能力。

在考核评估的分层上，对于处在“好”这一层次的学生来说，由于他们学习能力和水平都较强，因此，在考核上应选择难度大的、综合性强的题目，以考查他们分析和解决问题的能力为主。在考试中，可以为其安排一些选做题。

对于处在“一般”这一层次的学生来说，可以将教学大纲中的核心知识作为考查的重点。对于处在“差”这一层次的学生来说，应以一些简单的、基础的题目为主。

在班级授课制之下，通过分层教学的方法，能够有效地实现个性化教学，使不同层次的学生接受符合自己实际的教学，从而使其保持学习的积极性，实现教学效率整体上的提高。

（4）建立立体化课程教学资源辅助平台

立体化课程教学资源辅助平台主要包括教学资源系统、项目展示系统、在线答疑系统、模拟测试系统等部分。

教学资源系统主要包括课件、视频、习题、相关工具、课外资料等内容，建立教学资源系统的目的在于为学生提供充足的、多样的学习资料，满足学生学习需求。项目展示系统主要包括学生的各类示范性的实践作品。建立项目展示系统的目的在于，通过示范性作品的展示，激发学生学习的竞争性和积极性。

在线答疑系统即教师在线对学生问题进行回答的系统。这一系统的建立有利于打破师生交流的时间和空间限制。当学生在学习中遇到问题时，能够随时向教师请教，教师也能够及时地对学生的问题进行回答。模拟测试系统的功能在于学生根据自己的阶段学习情况，通过系统生成符合自己学习实际的测试题目，实现学生对于自己学习情况的随时检验。

通过辅助平台，不同层次的学生都能根据自己的实际情况选择对自己的学习进行辅助，如选择自己需要的资料与合适的习题对自己的学习进行补充，通过合适的题目准确地检验自己的学习情况，在学习遇到困难时也能够通过平台得到及时的指导和帮助。

立体化教学资源的建设有利于形成学生自主式、个性化、交互式、协作式学习的教学新理念。立体化教学资源的运用有利于发挥学生的主动性、积极性，有利于培养学生的创新精神。

第三章　计算机专业教学模式的改革

第一节　高校计算机教学模式

一、教学模式的含义

（一）模式

在汉语中，模式是指“标准的形式或样式”。在英语中，它和“模型”“模范”是同一个词，都是model。我国学者查有梁指出：“模式是为解决特定的问题，在一定的抽象、简化、假设条件下，再现原型的某种本质特征。它是作为中介，从而更好地认识和改造原型客体、构建新型客体的一种科学方法。”①

英国一些学者认为，模式表明任何结构或过程的主要组成部分以及这些部分之间的关系；美国政治学家比尔和哈德格雷夫认为。“模式是再现现实的一种理论性的、简化的形式。”

从以上的叙述中，我们不难看出，模式具有以下特点：①模式反映了客体的本质特性，抓住了事物的主要矛盾，将事物的重要因素、关系、结构和过程突出地显示出来；②模式是对现实的抽象概括，是在理性的高度上用简约明了的方式表达现实的，因此模式介于理论和实践之间，起着承上启下和由下而上的双向作用，是沟通理论和实践的桥梁。

（二）教学模式

教学模式作为一个正式的科学概念，是由美国学者乔伊斯和韦尔于1972年正式提出的。② 但至今它还没有统一的标准定义，国内外对它的理解也众说纷纭。

---

① 柴文慧，秦勤，张会. 云技术发展与计算机教学创新［M］. 昆明：云南科技出版社，2019.
② 田萍，韩媛，崔嘉. 计算机教学模式研究［M］. 北京：光明日报出版社，2016.

在国外最有影响力的当数乔伊斯和韦尔，他们认为教学模式是构成课程、选择教材、指导在教室和其他环境中教学活动的一种计划或范型，但在其以后的研究中，又提出教学模式就是学习模式，教学过程的核心就是创设一种环境，在这个环境里学生能够相互影响，学会如何学习。一种教学模式就是一种学习环境，这种环境有多种用途，从如何安排学科、课程、单元、课题到设计教学资料，如教材、练习册、多媒体程序、计算机辅助学习程序等。这些模式能够为学生提供学习的工具。可见，他们所谓的教学模式是指为了教会学生学习而创设的一种环境，可归结为“环境说”。

在我国的教学理论界对教学模式的定义有以下三种：第一种认为教学模式是在教学实践中形成的一种设计和组织教学理论，可称其为“理论说”。第二种认为教学模式是在一定教学思想或理论指导下建立起来的各种类型教学活动的基本结构或框架，可称其为“结构说”。第三种认为“常规的教学方法俗称小方法，教学模式俗称大方法。它不仅是一种教学手段，而且是从教学原理、教学内容、教学目标和任务、教学过程直至教学组织形式的整体、系统的操作样式，这种操作样式是加以理论化的”，可称其为“方法说”。

在我国的教育技术界，对教学模式的理解也有以下三种：第一种是由何克抗教授通过深入的研究而得出的，教学模式是指在一定的教育思想、教学理论和学习理论指导下，在一定的环境中教与学活动各要素之间的稳定关系和活动进程的结构形式；① 第二种是，祝智庭教授将教学模式概述为，教学模式又称教学结构，是在一定的教育思想指导下建立起来的比较典型的、稳定的教学程序或构型，可归结为“结构说”和“程序说”；② 第三种是由王淑君等人提出的，教学模式是以一定的学习理论和教学理论为指导，为完成特定的教学目标或教学任务，合理利用各种学习资源，充分考虑学习过程的各种要素，创造学习环境的一种范型，可以说此定义与乔伊斯等人的“环境说”比较一致。③

我们认为要研究教学模式，有必要搞清三个关系。

第一是教学模式与教学结构的关系。教学模式的研究要认识特征、合理分类；教学结构着重研究整体与部分、部分与部分的关系，两者既有差异性，又有同一性。从辩证法观点看，模式中有结构，结构中有模式。一种教学模式，总有相对应的一种教学结构，反之亦然，所以变换教学结构常常导致教学模式发生变换，两者具有对应性、同步性。因此，研究教学模式，实质上研究了相对应的教学结构。

第二是教学模式与教学方法的关系。教学模式要分析主要矛盾，认识基本特征；教学

---

① 邱崇光.“教学结构”和“教学模式”辨析：与何克抗教授商榷［J］. 电化教育研究，2002，（9）：10-13.

② 祝智庭. 现代教育技术：走向信息化教育［M］. 北京：教育科学出版社，2002.

③ 柴文慧，秦勤，张会. 云技术发展与计算机教学创新［M］. 昆明：云南科技出版社，2019.

方法是为了达到一定的教育目的而选择的教学途径和手段。两者既有差异性，又有同一性。一般来说，教学模式较为概括、抽象，而教学方法则较为实在、具体。一种相对稳定、卓有成效的教学模式常常要运用多种教学方法；一种长期稳定使用的教学方法，如有自身特征，则可形成某种教学模式。冯克诚等人在其主编的《实用课堂教学模式与方法改革全书》中指出，教学模式就是教师在各教学阶段所采用的不同教学方法通过其内在联系的综合而构成的一个严密系统。所以较为完整地研究教学模式，就不得不涉及一系列教学方法。

第三是教学模式与教学过程的关系。教学模式的研究是抓重点、抓关键；教育过程的研究是看顺序、看发展，两者既有差异，又有同一性。从辩证法研究看，模式中有过程，过程中有模式。一种教学模式总有相对应的教学过程；反之亦然。变换教学过程常常导致教学模式的变换，两者具有包容性、兼容性，因此要将教学模式与教学过程结合起来研究。

综上所述，要研究教学模式，就要结合教学过程，涉及一系列教学方法，最终形成稳定的教学结构。至此我们认为，教学模式是在一定的教育思想、教学理论和学习理论指导下，为完成特定的教学目标和促进学生的学习，充分利用各种资源，抓住教学特点，对教学过程的组织形式做简要概括，而建立起来的稳定的教学结构。

（三）教学模式的构成要素

我们认为，严格意义上的教学模式一般要具备下述五个方面的内容和要素。

1. 教育哲学

教育哲学是指在一定哲学观点基础上形成的对教学目标、学习者认知机制和教学活动中各种矛盾关系等问题的根本看法。教育哲学通过一定的教育思想、教学理论和学习理论反映出来。它不但影响着教学模式中结构、程序和方法的确立，而且控制着教学过程的运动方向，是教学模式的灵魂和精髓，反映了教学模式的内在特征。教育哲学深深渗透或蕴含在教学模式的其他各个因素之中，同时也可自成独立的因素。

2. 教学目标（或教学期望）

教学目标指模式所能达到的教学结果，是教育者对某项教学活动在学习者身上将产生什么样的效果所做出的预先估计。教学目标应符合当时社会的价值取向，符合受教育者的身心发展规律。教学目标（或教学期望）常常是人们在设计或构建教学模式时处理结构、安排程序和选择方法的依据，并对其他因素有制约作用，也是教学评价的标准和尺度。

3. 操作程序及要领

操作程序是指在教学模式中具体的教学步骤或阶段及每个步骤的主要做法，它是教学情境、内容、方式等在一定时空中的优化组合。由于在教学过程中，既有教材内容的展开顺序、教学方法交替运用的顺序，又有内在的复杂心理活动顺序，所以操作程序不应是僵化的、一成不变的，而只能是基本的、相对稳定的。但操作要领必须是清晰的、确切的，这样才能使教学模式具有可模仿性和可操作性，否则就有可能使人感到无所适从。

4. 支持系统

支持系统指教学所需的物质条件，包括教室、教学活动环境、教具、教材、教法手段、场地、媒体设备等因素。

5. 评价

评价指对某种教学模式所达到的教与学效果的价值判断，同时也是对教学模式实施过程的归纳总结，以便改进，使之更加完善。由于各种教学模式在目标、操作程序、策略方法上的不同，因而评价方法与标准也应不同，每种教学模式一般有适合自己特点的评价方法和标准。例如，何克抗教授认为学习文件夹是一种对以“学”为主的教学模式进行评价的有效方法，它是由教师和学生收集的、主要用于存放反映学生学习过程和学习进步的各类成果的学习记录，如文章、作品、作业、试卷、评语、调查记录、照片等，这些可以是一学期的，也可以是一学年的。这些学习记录按照一定的顺序形成文档，用于学习者对学习的回顾、自我评价及其他形式的外部评价。显然它不适合于对以“教”为主的传递—接受教学模式进行评价。但目前除少数教学模式已初步形成了一套相应的评价标准和方法外，大多数教学模式至今尚未形成自己独特的评价标准和方法，在这方面有大量的工作有待研究。

（四）教学模式的特征

从上面对教学模式的定义及构成要素的分析中，我们认为教学模式具有以下特征。

1. 简略性

教学模式是对实际教学活动和教学过程的简要概括，其简略性就是以这种一定程度的抽象性为条件，并使模式高于实践，为指导具体的教学实践服务。

2. 可操作性

教学模式是一定教学思想及理论的具体化，又是教学具体经验的概括化，是教学理论与教学实践的桥梁。相对于理论而言，教学模式更便于理解、把握和运用，因为它有安排具体教学活动的指南以及限定这些活动的要求和准则。

3. 针对性

没有哪一种教学模式是最佳的、万能的，任何教学模式都有明确的应用目的或中心要领，并有具体的应用条件和范围。因此，教学模式要选择和运用恰当，才能有效地解决教学问题。

4. 稳定性和发展性

模式一旦形成，要素之间的关系就趋于稳定，模式才具有可操作性，便于推广应用。否则一种模式中的要素经常变化，会使人们无法把握，也就不具备可操作性，这种模式一定经不住实践的检验，其实是名存实亡。但教学模式也不是一成不变，人们在学习、模仿和运用的过程中，会根据自己的新经验和掌握的新理论，对现有模式予以修正充实，使之更符合教学实践的需要，日臻完善。

二、高校计算机实训教学模式

针对传统计算机教学模式在我国信息化人才培养过程中存在的诸多问题，通过比较系统地提出校企合作的新型计算机教学模式——实训模式，给出了一些可供借鉴的人才培养方案。

（一）实训平台

IT 行业的重要特征就是群体性和流程化，很多学生毕业后难以适应公司群体文化和工作流程体系。为此，我们先构建实训平台，为实训工作提供基础保障，“协创平台”就是我们使用的实训平台。

实训平台分为：工作交流即时平台，我们可以采用 QQ 群方式；知识管理平台，把网络教程、相关资料等系统化、条理化，便于学生学习；交流平台，我们给学生提供交流场所，让他们自己做技术报告，做专题讲座、技术答疑；操作平台，配备专门的计算机实训机房，便于学生操作上机；教师辅导平台，邀请企业管理专家做专题讲座，交流行业发展状态、公司对学生的期待。

值得提出的以网络为核心的通信、信息、知识体系，我们称之为“潜能空间”，成为实训的重要基础，极大地提高实训效率，企业管理者可以通过网络平台管理、跟踪实训状态；协创讲堂为学生的技术研讨、口才锻炼、自主学习提供空间。

（二）实训流程

“潜能实训”基本是按照商业团队组织方式组织和管理。首先，根据项目报名分组；

其次，进行项目基本知识和基础技能培训；再次，根据研发流程进行组织和管理；最后，进行总结，学生做心得交流、技术总结。

（三）实训原则

实训和一般课堂教学不同，是准商业管理，并且和管理素质规范的商业公司合作，以执行简单商业项目为目标。

一般课堂的知识学习、技能辅导等都应该围绕项目展开。因此，实训也有它的特点和原则：

首先，群体协作原则。这个是一般大学教育的弱项，在实训中群体协作是第一原则，我们通过实际的项目分工和协作、群体公关方式培养学生的群体协作精神。

比如，贯彻“个体失败群体失败”“个体成功群体分享”、遇到问题延续“网络查询→群体咨询→请教教师”的顺序、“每个人都有义务解答伙伴问题”原则、“在请求帮助之前认真思考，不能随便浪费他人时间”原则，“发挥团队的作用，学会分享成果，分享痛苦，你懂了就要让一群人都懂，没有必要自己独享；同样，遇到困难也要学会表达，不要因为面子问题而不敢公开”。

其次，学习创新原则。学习创新是 IT 行业的根本，培养学生的创新意识是基础。我们先从学生学习意识、创新方法、辩证哲学等角度培养学生的学习创新精神。

比如，我们对网络环境下的学习技巧进行培训和交流，让学生能够比较准确地利用因特网搜索引擎等实现自主学习，不要随便遇到问题就一筹莫展，要充分利用网络。贯彻包括“事物是一分为二”“要从多个角度考虑问题”“从简单事情做起，从正确地方开始”、“遇到问题，首先就是回归正确的地方，把问题简单化、分解，回归正确的代码再开始，逐步加入新的代码”。

再次，工作流程化原则。培养学生的工作流程化意识，构建简单的“目标、计划、执行、调控、总结”商业流程；养成“定期交流工作，定时完成任务”的习惯。

最后，工作态度原则。“作为程序员，需要有不骄不躁、坚忍不拔的精神；事物总是不断进化的，需要循序渐进的学习和工作作风，不要好高骛远、心浮气躁，遇到问题不要顺便带上情绪，因为，计算机不会理会人情绪”、“不要因为情绪而影响你的智商，产生情绪，进而让问题无法解决，又影响情绪，最后自己变成一个傻人，失去信心”。

（四）实训管理

实训管理团队由教师和企业管理人员一起建构，尤其要发挥企业管理人员的积极性，汲取其丰富的管理经验，并要求定期给实训团队布置简单可行的商业任务，并做有关咨询和指导。教师应该和企业人员密切配合，理解商业公司对学生的基本要求、商业项目的管理规范，分析当前学生在实际项目中的缺点，并反馈到课堂教学中。

基本贯彻“企业搭台、教师导演、专家咨询、学生唱戏”的管理原则，当然，在实训中结合工作流，应该要求学生严格按照项目工作流和项目进展行为，“不是时间等人，而是人跟随时间”。

（五）实训总结

经过实践，我们认为实训教学模式需要注意以下问题：选择好合作企业是关键，选准有管理水平、能够把项目进行有效分解、有技术和管理专家能为学生实际进行辅导的公司。

构建平台是实训成功的保障：没有一个顺畅的平台难以保证实训成功。

建立教师辅导团队是基础：企业把项目分解后，教师团队应该跟上，不然就需要企业花费太多商业成本而难以实现持久的商业执行动力。

实训需要和课堂结合：实训中反映的问题，包括学生能力、知识弱点、课程设计等都应该进行即时的总结，并为课堂教学管理提供决策依据。

学生其实有巨大潜能：我们完成了不少商业项目，并能够培养出进入微软的实习生，极大地改变了学生对专业的认识，提高了学生的自信心，使学生满怀喜悦地走向社会。

实训过程中要注意的问题：实训教学模式的开展毕竟是和商业的软件开发公司或组织的合作。除了以上的问题外，高校应先摆正自己的立场，明确自己的任务和目标。高校与企业合作的目的是提高学生的团队合作、协同工作的能力，使学生尽早地接触商业开发，感受一线 IT 业的企业氛围，提高学生的适应能力，培养更多的社会满意、人民满意的高科技人才。所以，培养人才才是高校的最高目标。

实训的过程是一个分层次教育过程，培养掌握不同知识与深度的团队，围绕总体的教学目标与实训项目，高层的团队带领低层的团队，教师在其中负责协调引导、深层次问题的答疑解惑工作，这样才能够达到培养的可持续发展。

实训的过程也是一个学生知识结构、职业生涯脱胎换骨的过程，肯定会遇到很多的波折与困难，作为教师应该不断地鼓励、正确地引导、因材施教制订有效可行的培养方案，使学生对计算机的学习兴趣盎然，进一步激发自我潜能，实现学习方法与效果上质的飞跃。

构建网络教材平台，实现学习、咨询、实训一体化的实训管理平台。引入可持久发展的有一定难度的商业项目，提高实训成果的质量，这些项目可以不断复杂化，并能够让学生的成果更多转化为商业利益，维持商业公司进行实训投入的动力。实训和教学、就业更紧密结合，让实训成为“教学成果检验场，就业工作体验场，补缺补漏学习场”。

第二节　网络环境下计算机教学模式

一、网络教学的优势

（一）网络教学具有时空的适应性和教育的开放性

网络教学不受时空限制，在教学时间上，由于采用了现代教育技术，突破了固定教学时间的限制，与面授教育相比，可以扩大教学规模，为更多的学生提供更多的学习机会，从而降低学生的人均学习费用，为加速人才培养提供了可能。

计算机网络具有强大的采用文字、声音、图表、视频、动画等多媒体形式表现的信息处理功能，包括制作、存储、自动管理和远程传输。将多媒体信息表现和处理技术运用于网络课程讲解和知识学习各个环节，使网络教学具有信息容量大、资料更新快和多向演示、模拟生动的显著特征，这一点是有限空间、有限时间的传统教学方式所无法比拟的。

网络环境为学习者提供了巨大的空间。在信息化的社会中，信息决定着我们的生存已是不争的事实。信息技术在教育领域的运用是导致教育领域彻底变革的决定性因素，它必将导致教学内容、手段、方法、模式以及教学思想、观念、理论，乃至体制的根本变革。

（二）网络教学具有学习模式的灵活性

网络教学方便了学生在课余时间的自主学习，由于每门课程的课时有限，教师不可能在课堂上细讲每一个章节、每一个问题。课程上网后，学生可根据自己的具体情况浏览网上的教学内容，弥补自己所学的不足，还可以阅读大量的参考资料，开阔自己的视野。

网络教学既保留了传统教学的优点，又打破了现有的课堂教学形式，有利于建立以学生为主体的学习方式。学生可以根据自己的特点和兴趣自行选择课程内容、学习进度与学习方式，体现了学生的主体性，有利于培养独立的工作能力与创新精神。

（三）网络教学具有交互性

这是传统教育模式所无法比拟的。这是因为网络教学的“智能课件”可以使学生减少一些孤独感，课件能给予他们的实时反应使他们感受到互动性，给他们的感官带来新的输入信息，激励他们进行新的思考。

多媒体和网络技术提供界面友好、形象直观的交互式学习环境有利于激发学生的学习兴趣和协商会话、协作学习，促进其认知主体作用的发挥。人机交互是多媒体计算机系统的显著特点，是其他任何媒体设备所不具备的。

多媒体系统把电视机所具有的视听合一功能与计算机的交互功能结合在一起，产生出一种新的图文并茂的、丰富多彩的人机交互环境，而且可以实现即时信息反馈。这样一种交互方式对于教学过程具有重要意义，它能使学习者产生强烈的学习欲望，从而形成学习动机。同时，多媒体系统的这种交互性还有利于发挥学习者的认知主体作用。

（四）网络教学具有可重用性

面授教育中教师的语言是不能随时间而保留下来的，如果学生没听懂或没记住，他不可能把教师的话像录音带一样再重复听一次。网络教学中的课件可重复播放、重复使用，学习者在关键处可揣摩多次。教师面对众多学生的问题可能疲于应付，课件的重复使用减轻了教师的压力。

（五）网络教学有利于协作式学习

传统 CAI 只是强调个别化教学，但是随着认知学习理论研究的发展，人们发现只强调个别化是不够的，对培养高级认知能力（例如对疑难问题求解，或是要求对复杂问题进行分析、综合、评价等）而言，采用协作式教学往往能取得事半功倍的效果。所谓协作式教学，即要求为学习者提供对同一问题用多种观点进行观察比较和分析综合的机会，通过“协商”“辩论”“会话”等方式进行“意义建构”，并自然地达成共识。

二、网络环境下的交互式计算机教学模式

当前，在网络环境中，教学内容枯燥、交互不足为当前计算机网络教育模式存在的最大问题。目前，多数计算机网络教学资源以展示为主，学生只是阅读放在网上的资料，互动性比较差。由于教师在教学过程中难以估测学生的反应而引起师生互动和生生互动的不足和低效，使得网络教学质量的提高受到影响，而这些问题都可以通过在学习过程中加入互动技术来解决。

在这里，我们可以将互动式网络教学定义为：互动式网络教学是互动式课堂教学在互联网环境下的发展和延伸，是互动教学与普通概念上的网络教学相结合的产物。其特点是

依托目前最先进的网络和多媒体技术，真正实现教与学过程中的实时互动，其实质是信息传播的过程。互动式网络教学具有互动性、和谐性与平等性、动态发展性、生动性和现实性、传播综合性等特点，在真实的互动教学课堂中融入“虚拟课堂”的元素，使教学具有灵活性、互动性、先进性和开放性，以现有的人力、物力条件，最大限度地发挥学生的主体性，力争获得最佳教学效果。

SOA（Service-Oriented Architecture）是面向对象分析与设计和体系结构、设计、实现与部署的组件化的一种合理发展，它的本质是一种设计软件系统的方法，能够满足互动式网络教学对互动性的要求而且 SOA 可以基于现有的系统投资来发展，不需要=重新创建系统，可以充分利用已有的网络教学资源，与平台和具体服务的实现无关。

基于上述考虑，本文认为遵循 SOA 框架的互动式网络教学系统是今后的发展趋势。开展基于网络环境的交互式计算机教学模式，要注意以下方面的问题。

1. 开展网络教学，需要相关的资源，主要包括=平台、资源与服务。平台是实施教学的前提，是资源与教学活动的载体，包括网络教学支撑软件系统与服务器等硬件系统，以及支持网上教学的各种工具。

在各学校普遍重视校园网建设的今天，平台要求已经基本满足。资源包括素材、讲义、课件以及网络上能够收集到的各种资料。服务是保障网络教学成功实施的必要条件，包括教师对学生的学习指导与帮助，也包括技术人员对教学提供的技术服务。

2. 开展网络教学对教师提出了更高的要求，包括现代教育观念、信息素养、网络教学设计能力、教学监控能力等。当前计算机教师绝大多数毕业于正规高校，在计算机基础、教学能力等方面基本能够胜任上述要求。

3. 网络教学对学生素质也提出了更高的要求，如计算机基础知识和应用能力、行为自控能力、网络交互能力、基于网络的研究能力等。随着计算机的普及以及计算机教育的开展，绝大部分学生均具备了计算机基础知识和应用能力，但在行为自控能力、基于网络的研究能力等方面需要经过教师和学校的引导培训。

三、网络环境下的情境式计算机教学模式

情境式教学是目前较为流行的一种教育模式，在这种教育模式中，学习者是学习过程的原动力，学习者将根据个体原有经验进行知识建构，而教育工作者的职责就是为学习者创设进行情境学习的环境。

总体来讲，情境式教学模式主要有三个方面的特点，即关注内部生成、“社会性”学习、“情境化”学习。将情境式教学思想运用于计算机教学实践非常具有挑战性，在具体

的教学实践过程中，教师应该更多地从应用的角度出发，讲授有关的原理、概念和计算机基础知识，从学生需求的角度出发，从而提高学生的学习积极性，消除学生对计算机的陌生感和畏惧感。在教学模式的选择上，除了使用传统的讲述法和演示法等方法外，还要加强“情境式”教学法的使用，强调各种方法之间的相互联系、相互作用，以确保教学效果。

在实施情境式教学模式时，应该充分注意不同学生接受能力的差异性，并让学生能够灵活适应新问题和新情境，学习情境对提高学生的迁移能力至关重要。个体实践操作有助于学生通过实践学习应用的条件，对日常环境的分析可以提供重新思考的机会，对问题的抽象表征也可以促进迁移。

另外，情境式教学的特色在于实现学生学习的及时反馈，除了形成性评价和总结性评价，培养学生“监控和调整自己学习的能力”，是促成学生反思性学习的中心工作。尽管情境式教学至今没有十分完整且实用的教学理论和实践体系可供我们使用，但我们必须要关注这一新颖的教学模式，在计算机教学中应该注重“过程”和“目标”的结合。

采用“情境式”教学模式，改变了过去那种教师照本宣科、学生被动接受的状况，充分体现出个性化学习的好处，通过创新实践促进学生的个性培养。

四、网络环境下的研究式计算机教学模式

研究式教学模式是指学生在教师的指导下，结合课程教学，从学习、生活和社会活动中选择确定研究专题，以独立或小组合作的形式进行类似科学研究的方式，主动地获取知识、应用知识，发现问题、解决问题的学习活动。它是以培养学生的创造精神和创造能力为目标，以探究学习为核心，体现指导与自主、规定与开放、统一与多样、理论与实践有机结合的教育指导思想。目的在于引导学生改变学习方式，通过自主性、研究性的学习和亲身实践，获取多种直接经验，掌握基本的科学知识与方法，提高综合运用所学知识解决实际问题的能力。

随着计算机网络技术的不断发展、教育资源的不断扩大，学生将从大量烦琐的基础性学习活动中解脱出来，学习过程中的操作技能得到了有效加强，认知能力和操作技能可同步发展。同时教师也可以通过教育资源把教学重心从“教”转移到“学”，逐步实现以“教师为主导”到以“学生为主体”的教学模式的过渡。

研究式教学模式应突出以学生为中心，坚持在运用中学习、在探索中创造。在实施研究式计算机教学过程当中，应该注意以下问题：

（一）了解计算机学科的前沿知识

一切研究活动都是建立在已有认识和实践基础之上的，在具体的研究学习过程中，要注意分析前人的研究成果和别人的研究状况，了解他们的研究进展，在吸收别人研究成果的基础上，就可达到事半功倍的效果。同时，它也有利丁培养学生的科研意识，激发其研究兴趣。

（二）重视计算机基础知识的学习

对处于计算机知识学习阶段的学生来说，引导他们从事研究活动更要强调和突出知识的基础性作用，作为基础性和前提性的知识，学生务必要首先掌握。

（三）注重创造性思维的培养

计算机知识的积累固然重要，但运用这些积累起来的知识更为重要。知识运用的过程就是思维训练的过程，如果知识不能转化成能力，就无法使思维得到训练，难以内化为个人的素质。只有不断地运用所学知识分析和解决一些现实问题，才有助于知识的巩固、方法的掌握和能力的提高。为此，教师应积极引导学生，为各种学习活动注入研究性内容。

（四）注意研究式学习方法

学习方法是将知识转化成为能力的桥梁，必须重视对学习方法的掌握，如果没有学到获取知识、运用知识和创造知识的方法，则无法运用此学习模式。教师应在教学中广泛运用各种案例或现身说法，诱导学生注重方法的学习和掌握，这种启发性的教学方式对学生的研究性学习至关重要。

第三节　计算机课程中发挥学生主体性的教学模式

一、主体和主体性概述

发挥学生主体性，是以突出学生的主体地位为前提的。有关主体和主体性的概念论述如下。

（一）学生主体的内涵及特点

1. 主体与学生主体

对于“主体”一词的定义，《现代汉语词典》上说：①事物的主要部分；②有意识的人。《辞海》上说：①事物的主要部分；②为属性所依附的实体。我们这里的主体，是有一个关系范畴在里面。在哲学中，主体就是认识和实践活动的发出者、承担者或施行者，而客体则是主体认识和实践活动针对的对象。

“学生主体”中的“主体”概念，强调的是一个关系范畴。在教学活动中，教师和学生谁占有更重要的地位呢？“学生主体”概念的提出，是具有针对性的，针对片面的“教师主体”。过去，我们往往把“教学”狭义片面地侧重定义为其中的“教”，认为教学就是教，注重教师的教而非突出学生的学。对学生的学，采用的是接受性学习的思想，即强调学生接受和掌握知识和技能。

所谓“学生主体”，就是要明确学生在教学中的主体地位，把学生作为教学的中心。教师的“教”应围绕学生的“学”，“教”是为“学”服务的。可见，在教学活动中，学生是主体，即学生充当“主角”，而教师作为“配角”。“学生主体”与“教师主导”并重。但如何把学生置于教学的主体地位呢？这就是我们要研究的问题。

2. 学生主体的特点

（1）学生作为主体参与教学

“学生主体”就是学生作为主体来参与教学，简称“主体参与教学”。

主体参与教学就是在现代教育理论的指导下，学生进入教学活动，自主创造性地与教师一起完成教学任务的一种倾向性表现行为。“教”与“学”是相互影响和作用的，这是教学的规律；在教学中，教师与学生需要合作，这是教学原则。主体参与教学就是根据这样的规律和原则提出的。就师生关系说，教师和学生应具有民主和平等的关系，这样一来，在教学过程中，学生才可能具有主动性和积极性。他们不断通过自己的努力，发现新知识、新方法和新技巧。

“学生主体”的教育思想，强调教学过程中学生才是真正的主体，在教学环境和条件、教学目标、教学过程甚至教学节奏、教学方法的选择和把握上，以学生作为中心，以学生的“学”作为中心。“教学”的主体是学生而非教师。

（2）教师将成为教学活动的主导

主体只能有一个，当以学生为教学的主体时，课堂的绝大多数时间将不再由教师的讲授所占用。教师在教学中不作为主体而变为主导教学，他们不再仅充当讲授者的身份，而是教学的设计者、管理者和服务者。这样一来，学生和教师之间存在着依赖的关系。只有教师充分发挥了设计、管理和指导的作用，作为主体的学生才能完成学习目标，充当好主体的角色。所以，“学生主体”的教学理念，对教师的要求相比传统的教学理念要高得多。

（3）对教师的要求将高得多

传统的教学模式，教师注重教学内容甚于学生，而学生主体的教学模式，要求教师做到以下四点。

①充分重视学生主体的理念。

②关注、熟悉每学生的个性特点、学习基础、学习特长、学习能力等。

③更加系统、更加精准、更加熟练地掌握所教授的知识，既能有的放矢，又要系统高效、层次清晰地传授知识，以便将更多的课时留给学生学习。

④能更加细致地进行课程设计和教学设计，授课中把握节奏，照顾到绝大多数学生的进度；有计划、有目的地设置目标要求，帮助学生安排课内及课外学习的时间。

（4）教学活动将向课外延伸

对一门课程的教学不再仅仅停留在课堂上，而是由课内延伸到课外学习的整个过程、每个环节中，甚至包括学生毕业以后的指导。通信和网络的利用是必不可少的。

3. 学生主体教学方式在高校中应用的可行性

首先，高校学生有明确的自我意识，强调发挥个人的能力，有比较强的主体表现欲望。同时高校学生心智较为成熟，自学能力和理解力强，也具有较强的操作能力，对重点和难点的把握都比中小学阶段做得更好。教师只须从旁点拨，稍加引导，并做一些必要的补充即可。

其次，高校教师具有让学生参与教学的经验。现在高校教师大是研究生毕业，在他们研究生学习阶段，其教师基本都是采用学生主体参与教学的方式。研究生阶段常常是学生讲，教师引导、指导和补充。他们对以学生为主体的教学模式并不陌生，可见，从思想意识上，以学生为主体的教学模式对高校教师的挑战并不大。

（二）主体性与主体性教学的内涵和特征

从“主体”和“主体性”的概念来说，不同学科、不同学段从理论上的探索是一致的，然而，就教学实践来说，不同学科、不同学段对于学生主体和发挥学生主体性的要求及其意义显然是不同的。下面针对高等学校学习阶段计算机实用软件课程的学习，分析学生主体和主体性的必要性及意义。

1. 主体性的内涵分析

在理论研究领域，主体性的概念存在着不同的描述，如“我们把人的那种永远不满足于既在的生存境遇而去不断创造新的生命价值，以获得一个更新的精神自我的行为和意识的特征，称为人的主体性”。又如，“主体性是指人在实践过程中表现出来的能力、作用、地位，即人的自主、主动、能动、自由、有目的的活动的地位和特性”。

主体性是从事现实活动的人所具有的根本特性。主体性是人性的核心，人性是主体性的前提，人首先要具备人性，然后才能具备主体性，主体性是人性的升华。因此，强调人的主体性，不仅仅将人当作单纯的人看待，而且当作活动的主体看待。这是活动主体和人的区别，就是他不仅具有人性，还具有主体性。所以，主体性尊重人的尊严和价值，尊重人的积极性、自觉性和能动性。自由自觉地活动是主体性存在的方式。

从关系规定的角度，主体是对象性活动的发动者和承担者，而客体是对象性活动的受动者和对象。他们是相互规定而存在的。主体以积极能动的方式认识、改造、享受客体，并满足主体本身的需要。

总的来说，“主体性就是作为现实活动主体的人为达到为我的目的而在对象性活动中表现出来的把握、改造、规范、支配客体和表现自身的能动性”。

由此可见，主体性是人的基本属性。主体性包含人在思想及行动中所表现出的能动性、自主性和创造性。

2. 学生主体性的内涵

依照以上主体性的概念，“学生主体性”即“学生的主体性”，在这里我们专指高等学校的学生在教学活动中所表现出来的能动性、自主性和创造性。

学生的能动性表现为学生的自觉性和选择性。学生的自主性表现在学生能否在学习活动开始前自觉地确立学习目标、制订计划，并做好各项准备；学习活动过程中，对学习积极主动，能够自我监督、自我管理和自我调节；在学习活动后，能够自我评价、自我总结。学生的创造性则主要表现在学生在思考问题时，能否举一反三、推陈出新。

主体性体现于学生接受教育和学习的这一具体过程中。主体性是人的基本属性。利用并发展主体性是教育任务中极其重要的一部分内容。学生在教学活动中的表现体现了学生具有怎样的主体性意识，它是学生品格、精神面貌和价值取向的表现。可见，学生的主体性具有相当重要的价值，然而，我们的学生普遍缺乏作为主体的精神面貌和个性特征。

3. 高校学生主体性的基本特征

高等学校学生的主体性特征与其他教育阶段的学生相比，主要体现在以下四个方面：

1. 处于主体性发展的高级阶段。前面已经提及，学生在利用主体性的同时，可以发展主体性。人类就是在不断地认识、行动、实践、优化自己。从某种意义上，在人成长的过程中，主体性的发展是持续的，不会停止，因为人的认识和行动不会停止。

2. 高校学生主体性处于基本成熟的阶段。由于大学生在人生观和价值观方面日趋成熟稳定，主体性的表达愿望更加清晰。同时大学生在接受教育方面完整地经历了中等教育阶段，并正在接受着高等教育，对于社会的认知和文化知识的掌握以及社会关系的理解已经达到了相当的水平，因此主体性表现更加成熟。

3. 高校学生主体性趋向理性化。由于高校学生的主体性表现较为成熟，因此，高校学生在认知学习的过程与中小学生相比较少地表现出随意、主观和片面的特性，更多地表现出理性的特点。

4. 高校学生主体性处于主体性发展的必要阶段。尽管人从出生起，主体性就在不断得到发展，然而，从教育教学的角度，高教阶段发挥发展学生的主体性是必要的。教育者既要努力发挥受教育者的主体性，又要把发展受教育者的主体性作为教育教学的目标。

在高校计算机实用软件类课程的教学中，要发挥学生的主体性，首要突出学生的主体地位。下面我们讨论在高校计算机实用软件类课程教学中发挥学生主体性的必要性及意义。

二、发挥学生主体性的必要性及意义

20世纪70年代以来，联合国教科文组织已在教育领域陆续推出了《学会生存——教育世界的今天和明天》（又称《富尔报告》）、《教育——财富蕴藏其中》（又称《德洛尔报告》）、《反思教育：向“全球共同利益”的理念转变?》、《共同重新构想我们的未来：一种新的教育社会契约》等四大报告，从学会生存、学习的四个支柱到共同利益、社会契约等理念的提出，既呈现了联合国教科文组织作为全球教育领导者的全球性思维和全球视野，也体现了其一贯坚持的人文主义传统，并在传承中创新。这些教育口号共同点是，从不同侧面体现了同一的教育目标——把学生作为学习活动和社会活动的主体。

（一）软件技术类课程教学中发挥学生主体性的必要性

在我国有关的教育改革的工作方针中明确指出：“把提高质量作为教育改革发展的核心任务。树立科学的质量观，把促进人的全面发展、适应社会需要作为衡量教育质量的根本标准。”

另外，从我国高等学校的培养目标看，大部分高校都把“素质高”“能力强”“创新型”或“复合型”作为学生培养的目标。若按照传统教学模式实施教学，根本无法达到目标。

可见，将学生置于教学的主体地位上，充分培养并发挥学生的主体性素质，是目前我国进行素质教育改革的必然要求。

（二）软件技术类课程教学中发挥学生主体性的意义

“认清学生在教育过程中的地位，明确学生既是教育的对象又是学习与发展的主体，对于正确处理教与学的关系、教师主导作用与学生主体地位的关系提供了依据，它对认识教育规律、提高教育活动的整体水平，具有极为重要的指导意义。”

与传统教学模式相比，“发挥学生主体性教学模式”无论对于学生还是教师，都有巨大的现实意义。

1. 对学生的意义

（1）使学生成为教学的主体、主人，能够更加积极地投入学习。使学生从“接受性教学”走向“发现性教学”领域，渐渐地享受学习。

（2）激发学生的学习兴趣，培养他们学习的自觉性和主动性。这一点是提高教育质量最关键的因素之一。

（3）增强学生的主体意识。思维更加积极活跃，乐于选择学习内容，善于与教师交流，甚至可以根据自己的实际，要求教师调整教学进度，对教学设计、教学方法提出自己的想法和思路，善于自我评价或自我教学评价。

（4）使学生高效地掌握知识、技能和技巧，并具有独立解决问题的能力，能够通过实践，将所学的知识融会贯通，完成综合性的项目。培养学生独立思考的习惯和能力，以及自学的能力和方法，帮助他们养成良好的学习习惯。

（5）培养学生的团队合作意识和精神。为了能够充分发挥学生的主体性，教学中我们往往会使用讨论、分组等形式，使学生团队合作的意识和能力不断增强。

可见，借助于计算机课程，在教学中突出学生主体、发挥学生主体性不仅有利于计算机课程本身的学习，更重要的是，它对于培养学生良好的学习习惯及综合素质、能力有着重要的意义。

2. 对教师的意义

（1）更新教师的教育理念，调整教学思路。这是突出学生主体地位、发挥学生主体性的前提。

（2）培养教师探索教学方法的意识和习惯，注重教学设计，使课堂气氛更加活跃，给教师带来成就感。

（3）促使教师必须不断学习，掌握更多的理论知识和实践经验，灵活教学，并能在今后的教学过程中更加得心应手、游刃有余，工作更加自信。

3. 其他意义

（1）课堂气氛更加活跃。教师和学生都在轻松愉快的氛围中开展教学。

（2）能切实有效地提高教学质量和效率。这主要是由于“学生主体”的思想大大提高了学生的学习积极性和主观能动性，又使教师的学生主体的意识增强、教学能力提高，教学的各方都将围绕学生主体来展开。

（3）有利于形成更加和谐的人际关系。所谓社会性一般表现在责任感、合群性、社会技能等方面。传统教学中教师几乎负担了教学的一切责任，从某种角度看，学生成了教学过程的“局外人”。然而，在主体参与教学思想的指导下，学生不但要对自己的学习负责，而且要对教师的教学负责，还要对组内其他成员的学习负责，树立责任感。在这种教学模式中，由于学生和教师有更多的沟通和交流的机会，又存在与其他同学的分工合作，人与人的交流更加频繁，自然会使学生的合群性、社会化和交往技能得到发展。师生交流更加广泛，友谊得到发展。

（4）大大提高教学资源的利用率。“发挥学生主体性教学模式”重视学生的实践环节，使教学资源最大限度地满足学生学习的需要。

三、实施发挥学生主体性教学模式的策略建议

（一）重视学生主体的理念，把“突出学生”主体落到实处

思想决定行动，我们研究“发挥学生主体性教学模式”，最根本的就是教师必须树立“学生主体”的理念，才能在教学的各环节中，真正实现以学生为教学的中心。所以教师首先要在心中明确这种思想的必要性和意义，因为教师处于教学的主导地位。只有这样，教师才能在教学设计、教学实践等一切活动中，以学生为中心，激发学生学习兴趣，培养学习自主性和合作精神，培养自主学习及合作学习的能力等。

（二）熟练掌握讲授实用软件的知识及操作技能

教师要学习各种教育和教学方法理论，在实践中不断探索、不断总结积累教学经验，并熟练掌握所教授的实用软件，具备使用或开发项目的经验，才能更好地设计教学、指导教学，提高质量和效率，从而充分发挥学生的主体性。

（三）创造和谐、活跃的课堂环境和氛围，尊重学生

课堂上，教师要设法营造一种和谐、平等、宽松、愉快的学习氛围，要充分尊重学生，尤其是基础较差、成绩不好的学生，保护他们的自尊心和自信心。

（四）多种教学方法相结合，注意细节，重视学习方法的指导

要注重互动，善于提问，善于启发，激励学生亲自上台讲课演示；制定中长期（学期）和短期（每节课）的教学目标和任务，善于激励奖励，激发学习兴趣和自觉性，培养自学的能力；充分利用语气、语调和语速等来突出重点、控制节奏，吸引学生的注意力；对知识或操作进行必要的重复，帮助记忆；善于总结，指导学生进行总结；对学生进行分组，分别教学，分别分配不同任务，使学生逐步通过团队合作的方式来进行学习，以增强其团队合作的意识和能力。

（五）注重教学设计的合理性

好的教学设计会结合生产生活实际，从导课起就能吸引住学生，具有系统、合理的知识体系结构，层次条例清晰，既能使学生容易掌握知识体系，又便于学生记忆，还能潜移默化地使学生不断具备学习的能力。

（六）课件的制作要注重实用性，要易于使用

课件要实用，确实能够帮助学生学习。不用一味地追求使用课件，课件如果使用不便，有不如没有。有时，可以利用所讲授的软件自身的特点来制作课件，既实用又能很好地辅助该软件的学习。

（七）学生主体与教师主导相结合

强调学生主体，并不是要教师放弃其在教学过程中所应当扮演的角色。相反，教师需要在教学过程中更加强化其主导地位，主导和主体并存，才有可能达到理想的教学效果。

在教学中，所有的活动均应着眼于学生的主体性地位这一命题而开展，同时学生对于所学知识的掌握也决定着教学活动的成功与否。脱离了学生这个主体，教师的主导性作用就无从谈起。

同时，在教学活动中，教师发挥着主导性作用，教师引导学生以正确的方法进行学习，观察不同学生的学习状态，因材施教，确保教学效果质量可控。

如果一味地强调学生的主体性而忽略了教师的主导性作用，学生的学习缺少了教师的指引，仅凭个人兴趣和喜好进行学习，对所学知识没有整体的把控，最终导致的结果就是一事无成。

因此，我们可以看到，教师的主导性作用和学生的主体性地位这两者之间存在着相辅相成、缺一不可的辩证统一关系。

第四章　基于计算思维的计算机专业教学模式

第一节　计算思维概述

一、计算思维的概念性定义

计算思维的概念性定义主要来源于计算科学这样的专业领域，从计算科学出发，与思维或哲学学科交叉形成思维科学的新内容。计算思维的概念性定义主要包含以下两个方面。

（一）计算思维的内涵

按照周以真教授的观点，计算思维是指运用计算机科学的基础概念进行问题求解、系统设计以及人类行为理解等涵盖计算机科学的广度的一系列思维活动。计算思维建立在计算过程的能力和限制之上，由人或机器执行。计算思维的本质是抽象和自动化。

计算思维中的抽象完全超越物理的时空观，并完全用符号来表示，与数学和物理科学相比，计算思维中的抽象显得更为丰富，也更为复杂。在计算思维中，所谓抽象就是要求能够对问题进行抽象表示、形式化表达（这些是计算机的本质），设计问题求解过程达到精确、可行，并通过程序（软件）作为方法和手段对求解过程“精确”予以地实现。也就是说，抽象的最终结果是能够机械地一步步自动执行。

（二）计算思维的要素

周以真教授认为计算思维补充并结合了数学思维和工程思维，在其研究中提出体现计算思维的重点是抽象的过程，而计算抽象包括（不限于）算法、数法结构、状态机、语言、逻辑和语义、启发式、控制结构、通信、结构①。教指委提出的计算思维表达体系包括计算、抽象、自动化、设计、通信、协作、记忆和评估八个核心概念。国际教育技术协

① 申晓改. 计算思维与计算机基础教学研究［M］. 成都：电子科技大学出版社，2018. 01.

会和美国计算机科学教师协会研究中提出的思维要素则包括数据收集、数据分析、数据展示、问题分解、抽象、算法与程序、自动化、仿真、并行。美国国家计算机科学技术教师协会（CSTA）的报告中提出了模拟和建模的概念。美国离散数学和理论计算研究中心（DIMACS）计算思维中包含了计算效率提高、选择适当的方法来表示数据、做估值、使用抽象、分解、测量和建模等因素。

以上各方从不同的角度进行的分析归纳，有利于计算思维要素的后续研究。提炼计算思维要素进一步展现了计算思维的内涵，其意义在于以下两个方面。

第一，计算思维要素相较于内涵更易于理解，能够使人将其与自己的生活，学习经验产生有效联结。

第二，计算思维要素的提出是计算思维的理论研究向应用研究转化的桥梁，使计算机思维的显性教学培养成为可能。

二、计算思维的操作性定义

计算思维的操作性定义来源于应用研究，主要讨论计算思维在跨学科领域中的具体表现、如何应用以及如何培养等问题。与概念性定义的学科专业特点不同，操作性定义注重的是如何将理论研究的成果进行实践推广、跨学科迁移，以产生实际的作用，使之更容易被大众理解、接受和掌握。当前国内广大师生对计算思维研究最为关注的方面，不是计算思维的系统理论，而是如何将计算思维培养落地、在各个领域中如何产生作用。通过总结分析各家之言，计算思维的操作性定义主要包括以下三个方面。

（一）计算思维是问题解决的过程

“计算思维是问题解决的过程”这一认识是对计算思维被人所掌握之后，在行动或思维过程中表现出来的形式化的描述，这一过程不仅能够体现在编程过程中，还能体现在更广泛的情境中。周以真认为计算思维是制定一个问题及其解决方案，并使之能够通过计算机（人或机器）有效地执行的思考过程。国际教育技术协会（ISTE）和美国国家计算机科学技术教师协会（CSTA）通过分析700多名计算科学教育工作者、研究人员和计算机领域的实践者的调研结果，于2011年联合发布了计算思维的操作性定义，认为计算思维作为问题解决的过程，该过程包括（不限于）以下步骤。

1. 界定问题，该问题应能运用计算机及其他工具帮助解决。

2. 要符合逻辑地组织和分析数据。

3. 通过抽象（例如模型、仿真等方式）再现数据。

4. 通过算法思想（一系列有序的步骤）形成自动化解决方案。

5. 识别、分析和实施可能的解决方案，从而找到能有效结合过程和资源的最优方案。

6. 将该问题的求解过程进行推广并移植到广泛的问题中。

由此可见，作为问题解决的过程，计算思维先于任何计算技术早已被人们所掌握。在新的信息时代，计算思维能力的展示遵循最基本的问题解决过程，而这一过程需要能被人类的新工具（计算机）所理解并能有效执行。因此，计算思维决定了人类能否更加有效地利用计算机拓展能力，是信息时代最重要的思维形式之一。

（二）计算思维要素的具体体现

计算思维作为问题解决的过程不仅需要利用数据和大量计算科学的概念，还需要调度和整合各种有效思维要素。思维要素作为理论研究和应用研究的桥梁，提炼于理论研究，服务于应用研究，抽象的计算思维概念只有分解成具体的思维要素才能有效地指导应用研究与实践。

（二）计算思维体现出的素质

素质是指人与生俱来的以及通过后天培养、塑造、锻炼而获得的身体上和人格上的性质特点，是对人的品质、态度、习惯等方面的综合概括。具备计算思维的人在面对问题的时候，除了使用计算思维能力加以解决之外，在解决的过程中还表现出以下的素质。

1. 处理复杂情况的自信。

2. 处理难题的毅力。

3. 对模糊/不确定的容忍。

4. 处理开放性问题的能力。

5. 与其他人一起努力达成共同目标的能力。

具备计算思维能力，能够改变或者使学习者养成某些特定的素质，从而从另一层面影响学习者在实际生活中的表现。这些素质实际上描绘了一个高度发达的信息社会中合格公民的形象，使普通人对计算思维有了更加深入和形象的理解。

以上三个方面共同构成了计算思维的操作性定义。操作性定义明确了计算思维这个抽象概念在实际活动中现实而具体的体现（包括能力和品质），使这一概念可观测、可评价，从而直接为教育培养过程提供有效的参考。

三、计算思维完整的定义

计算思维的理论研究与应用研究密切相关、相辅相成，共同构成了对计算思维的完整研究。理论研究的成果转化为应用研究中的理论背景给予实践支撑，应用研究的成果转化为理论研究中的研究对象和材料。计算思维的概念性定义植根于计算科学学科领域，同时与思维科学、哲学交叉，从计算科学出发形成对计算思维的理解和认识，适用于指导对计算思维本身进行的理论研究。计算思维操作性定义适用于对计算思维能力的培养以及计算思维的应用研究，计算思维的应用和培养是以实际问题为前提的，在实际理解和解决问题的过程中体会、发展和养成计算思维能力。因此，计算思维的概念性定义和操作性定义彼此支撑和互补，共同构成计算思维的完整定义。计算思维的完整定义指导了计算思维在计算科学学科领域及跨学科领域中的研究、发展和实践。

（一）狭义计算思维和广义计算思维

随着信息技术的发展，人类从农业社会、工业社会步入了信息社会，这不仅意味着经济、文化的发展，同时人类思维形式也发生了巨大的变化。除“计算思维”概念外，人们还提出了“网络思维”“互联网思维”“移动互联网思维”“数据思维”“大数据思维”等新的思维形式概念。如果将概念性定义和操作性定义组成的计算思维称为狭义计算思维，则由信息技术带来的更广泛的新的思维形式可被称为广义计算思维或信息思维。作为现代人类，除了需要具备计算机基础知识和基本操作能力以外，还应该以这些知识能力为载体，在广义和狭义的计算思维能力上得到发展。

（二）计算思维的两种表现形式

计算思维作为抽象的思维能力，不能被直接观察到，计算思维能力融合在解决问题的过程中，其具体的表现形式有如下两种：

1. 运用或模拟计算机科学与技术（信息科学与技术）的基本概念、设计原理，模仿计算机专家（科学家、工程师）处理问题的思维方式，将实际问题转化（抽象）为计算机能够处理的形式（模型）进行问题求解的思维活动。

2. 运用或模拟计算机科学与技术（信息科学与技术）的基本概念、设计原理，模仿计算机（系统、网络）的运行模式或工作方式，进行问题求解、创新创意的思维活动。

四、计算思维的方法和特征

思维方法是在汲取了问题解决所采用的一般数学思维方法，现实世界中巨大复杂系统的设计与评估的一般工程思维方法，以及对复杂性、智能、心理、人类行为的理解等的一般科学思维方法的基础上所形成的。周以真教授将其归纳为如下七类方法：

1. 计算思维是通过约简、嵌入、转化和仿真等方法，把一个看起来困难的问题重新阐释成一个我们知道问题怎样解决的思维方法。

2. 计算思维是一种递归思维，是一种并行处理，是一种把代码译成数据又能把数据译成代码的方法，是一种多维分析推广的类型检查方法。

3. 计算思维是一种采用抽象和分解来控制庞杂的任务或进行巨大复杂系统设计的方法，是基于关注点分离的方法。

4. 计算思维是一种选择合适的方式去陈述一个问题，或对一个问题的相关方面进行建模使其易于处理的思维方法。

5. 计算思维是按照预防、保护及通过冗余、容错、纠错的方式，并从最坏情况进行系统恢复的思维方法。

6. 计算思维是利用启发式推理寻求解答，也即在不确定情况下的规划、学习和调度的思维方法。

7. 计算思维是利用海量数据来加快计算，在时间和空间之间、在处理能力和存储容量之间进行调节的思维方法。

周以真教授以计算思维是什么和不是什么的描述形式对计算思维的特征进行了总结。计算思维是概念化的，是根本性的，是人的思维，是思想，是数学与工程思维的互补和融合，是面向所有人的，而不是程序化，不是刻板的技能，不是计算机思维，不是人造物，不是空穴来风，不局限于计算学科。

五、计算思维能力的培养

（一）社会的发展要求培养计算思维能力

随着信息化的全面深入，计算机在生活中的应用已经无所不在并无可替代，而计算思维的提出和发展帮助人们正视人类社会这一深刻的变化，并引导人们借助计算机的力量来进一步提高解决问题的能力。在当今社会，计算思维成为人们认识和解决问题的重要能力之一，一个人若不具备计算思维的能力，将在就业竞争中处于劣势；一个国家若不使广大受教育者得到计算思维能力的培养，在激烈竞争的国际环境中将处于落后地位。计算思维，不仅是计算机专业人员应该具备的能力，而且也是所有受教育者应该具备的能力，它蕴含着一整套解决一般问题的方法与技术。为此，需要大力推动计算思维观念的普及，在教育中应该提倡并注重计算思维的培养，促进在教育过程中对学生计算思维能力的培养，使学习者具备较好的计算思维能力，以此来提高在未来国际环境中的竞争力。

（二）大学要重视运用计算思维解决问题的能力

当前大学开设的计算机基础课的教学目标是让学习者具备基本的计算机应用技能，因此大学计算机基础教育的本质仍然是计算机应用的教育。为此，需要在目前的基础上强调计算思维的培养，通过计算机基础教育与计算思维相融合，在进行计算机应用教育的同时，可以培养学生的计算思维意识，帮助学习者获得更有效的应用计算机的思维方式。其目的是通过提升计算思维能力更好地解决日常问题，更好地解决本专业问题。计算思维培养的目的应该满足这一要求。

计算思维的概念性定义和操作性定义的属性可知，计算思维在大学阶段应该正确处理计算机基础教育面向应用与计算思维的关系。对于所有接受计算机基础教育的学习者，应以计算机应用为目标，通过计算思维能力的培养更好地服务于其专业领域的研究；对于以研究计算思维为目标的学习者（计算机专业、哲学类专业研究人员），需要更深入地进行计算思维相关理论和实践的研究。

第二节　计算机理论与实践教学的统筹协调

一、以计算思维能力培养为核心的计算机基础理论教学体系

（一）教学理念

《高等学校计算机基础教学发展战略研究报告暨计算机基础课程教学基本要求》中明确提出四个方面的能力培养目标：对计算机科学的认知能力、基于网络环境的学习能力、运用计算机解决实际问题的能力；依托信息科学技术的共处能力。大学计算机基础教学应打破“狭义工具论”的局限，注重对学生综合素质和创新能力的培养。计算机基础教学不仅要为学生提供解决问题的手段与方法，还要为学生输入和灌输科学有效的思维方式。因此，计算机基础理论教学的重心由“知识和技能掌握”逐渐向“计算思维能力培养”转变，通过潜移默化的方式培养学生运用计算机科学的思维与方法去分析和解决专业问题，逐步提高学生的信息素养和创新能力。

（二）课程体系

1. 课程定位

《九校联盟计算机基础教学发展战略联合声明》中明确提出，要把学生的“计算思维能力培养”作为计算机基础教学的核心任务。这不仅指明了计算机基础课程改革的发展方向，也明确了课程的基础定位。计算机基础课程不仅是学校的公共基础课程，更是与数学、物理同样重要的国家基础课程。不仅国家、学校、教师要提高对计算机基础课程的认识，更重要的是需要每个学生真正认可这种课程定位，并加以重视。

2. 课程内容

大学计算机基础课程承担着培养学生计算思维能力的重任，所以课程内容不仅要包含计算机科学的基础知识与常用应用技能，更应强调计算机科学的基本概念、思想和方法，注重培养学生用计算思维方式与方法去解决学科中的实际问题，提高学生的应用能力和创新能力。

我们应根据全新的计算机基础教学理念来组织和归纳知识单元，梳理出计算思维教学内容的主体结构。教学内容要强调启发性和探索性，突出引导性，激发学生的思考，实现将知识的传授转变为基于知识的思维与方法的传授，逐步引导学生建构起基于计算思维的知识结构体系。教学内容要强调实用性和综合性，设计贴近生活并采用具有实际操作性的教学案例，引导学生自主学习与思考，体会问题解决中所蕴含的计算思维与方法，并逐步内化为自身的一种能力。课程内容要保持先进性，将计算机学科的最新成果及时融入教材中，引导学生关注学科的发展方向。

（1）调整与整合课程内容

对原来的计算机基础课程内容进行改革与调整，首先，压缩或取消学生在中学阶段已学习过的内容，如操作系统和常用办公软件的介绍和操作等内容。其次，原先的课程内容多而繁杂，降低了学生的学习兴趣，也与日益减少的课时形成鲜明对比，所以应适当删减那些晦涩难懂的专业名词和过于复杂的系统实现细节，把课程内容的重点放在介绍计算环境的构成要素和抽象问题如何求解的方法上。最后，要将课程内容模块化，例如将计算机环境分为计算机系统、网络技术与应用、多媒体技术、数据库技术与应用等教学模块，每个模块应选择基于计算思维的相关知识点为模块内容，结合相关实际案例，让学生体会抽象问题求解方法的过程。

重新规划和整合大学计算机基础课程体系，在计算机组成原理、数据结构、数据库技术与应用等主干课程中增加具有计算思维特征的核心知识内容。在课程内容组织中，适当增加一些“问题分析与求解”方面的知识，希望通过对计算机领域的一些经典问题的分析和求解过程的详细讲授来培养学生的计算思维能力。经典问题有梵天塔问题、机器比赛中的博弈问题、背包问题、哲学家共餐问题；等等。此外，以典型案例为主线来组织知识点，并将案例所蕴含的思维与方法渗透其中，以此来培养学生的计算思维能力。

课程内容的更新速度永远跟不上计算机技术的发展速度，甚至有可能内容还未更新而技术就已经落伍了。但是，多年来，不论计算机技术如何层出不穷、应用如何令人应接不暇，但支撑这些变化的是一些永恒经典的东西——二进制理论、计算机组成原理、微机接口与系统理论、编码原理，等等。这些永恒经典便是计算机基础课程的核心内容，所以培养学生的计算思维要从学习这些永恒经典内容开始。

（2）设置层次递进型课程结构

计算机基础课程体系以培养学生计算思维能力和基本信息素养为核心目标，包含必修、核心、选修三层依次递进的课程，是一个从计算机基本理论和基本操作到计算机与专业应用相结合、从简单计算环境认识到复杂问题求解思维形成的完整课程体系。

科学合理的课程结构设置对学生建构良好知识体系具有重要意义。我们可以在整个大学计算机基础教学期间采用层次递进、循序渐进的课程设置方式，在一年级开设计算机基础类课程，帮助学生初步认识和了解计算机学科。在二、三年级，开设计算机通识类课程（如图形处理、网页制作等）加深学生认识，引发学习兴趣。在高年级开设与专业相交叉的计算类课程，如在管理类专业开设数据库技术与应用课程、在艺术类专业开设多媒体技术课程、在理工类专业开设程序设计类课程等，引导学生以计算机为工具来解决专业问题，培养学生形成一种可以用于解决专业问题的计算思维能力。

（3）计算机基础课程与专业课程相融合

计算机基础课程的教学目标是培养学生的计算思维能力，使其能利用计算机科学的思想和方法去解决专业问题，所以计算机基础课程教学的最终落脚点是服务于学生的专业教育，促进计算机基础课程与专业课程的整合与协调，实现计算机基础教育向专业教育靠拢。具体措施有：将全校专业按专业属性划分类别，如文史类、理工类、艺术类等，并根据专业类别特点制订不同的教学计划；根据教师的专业方向和兴趣爱好，建立不同专业的计算机基础教学教师团队，要求教师在教学中，要充分考虑到学生的专业需求，选择与学生专业相关的教学内容。

（三）教学模式

计算思维能力是基于计算机科学基本概念、思想、方法上的应用能力和应用创新能力的综合，不仅能够运用计算机科学的思维方式和方法去分析、解决问题，而且还能运用其去进行开拓创新型研究。对于非计算机专业的学生来说，计算思维能力培养的重点是采取什么的策略能促进学生理解计算思维的本质并将其内化于思维之中进而形成计算思维。

在传统的大学计算机基础课程教学模式中，计算思维能力一直隐藏于其他能力培养中，比如应用能力、应用创新能力等，现在我们要将其剥离出来，直接展示给学生，并将其贯穿在整个教学体系中，最终成为学生认识问题、分析问题以及解决问题的一种有效本能工具。

1. 分类教学模式

分类教学模式是以专业属性特点为整合依据，将所有专业划分为几个大类别，如理工类、文史类、管理类、艺术类等，按类别分别构建计算机基础课程体系，同时按类别分别实施不同的教学方法和灵活安排不同的教学策略。在教材编写上，我们可以进行分类设计，并对各个章节进行分类编写，以满足学生的不同专业需求。在教学活动的开展上，分类制定教学目标，分类设计教学大纲，并根据各类专业学习的不同需求，选择与专业类别相符的教学内容、实验内容以及技能训练，逐步提高学生计算机学习和专业应用相结合的能力。

2. 多样化的教学组织形式

除采用传统的课堂授课形式外，我们还可采用专题、研讨以及定期交流等不同形式给学生讲授知识。我们应在教学的各个环节中有意识地融入思维训练，实现专业知识和计算思维能力相互促进与提高，不断提升学生的应用能力和应用创新能力。

3. 以学生自主学习为主的教学

近年来，随着计算机技术的高速发展和快速普及，造成大学计算机基础理论教学内容涉及领域越来越广，知识点多而烦琐，加上师资力量、配套设施以及授课时间等限制，所以有必要将一些基础的常识性知识交给学生自主学习，不仅节省了教学时间，提高了教学效率，还激发了学生学习的积极性。学校应加强网络教学资源平台建设和课程内容改革，完善学生自主学习的环境。

将计算机基础课程与专业学习紧密结合起来，将课程作业转化为专业任务，激发学生学习动机。建立教师辅导机制和全方位的自我监控学习，帮助学生查漏补缺，通过完成任务，在提高学生兴趣和自信心的同时，还提高了学生的学习自主性。

（四）教学方法

1. 案例教学法

相比枯燥的、以简单罗列抽象理论知识为主要形式的传统教学方法，案例教学法更能激发学生的学习兴趣，促进学生的积极思考。将案例教学法引入计算机基础课程教学中，用源自社会、生活、经济等领域的典型案例来调动学生的积极性，将案例与知识点相结合，深化学生对知识点的理解和掌握。教学案例在体现计算思维的基础上，应与学生的专业相联系，要明确计算思维和专业应用的关系。案例教学强调通过师生讨论问题，引导学生自主思考、归纳和总结，并且要有意识地训练学生的思维，让学生体会和理解如何用计算机科学的思维和方式去解决专业问题，进而培养学生的计算思维能力。

将典型案例引入课堂教学中，可以调动学生自主学习的积极性，激发学生的创造性思维，提高学生的独立思考能力和判断力。同时，各种案例还可以让学生感受到知识中所蕴含的思维与方法之美妙，将知识化繁为简，帮助学生深入认识知识之间的内在规律性和相互关联性，在头脑中形成稳定而系统的知识结构体系。

案例教学法以培养学生的计算思维能力为目标，选择合适的教学案例为关键，具体操作流程如下：第一，在教学中通过恰当的方式引入问题；第二，引导学生自己分析问题，并将问题抽象为计算机可以处理的符号语言表达形式；第三，在教师的指导下，学生学会利用计算机的思维与方法来解决问题；第四，教师详解在问题解决过程中所涉及的计算机知识；第五，学生自己总结与归纳所学到的知识与技能；第六，教师通过布置作业来检验教学效果。

2. 辐射教学法

计算机基础课程属性决定了其内容必然是“包罗万象、杂乱无章”，有限的课时也决定了教学做不到面面俱到的。我们可以选择典型的核心知识点为授课内容，采取以点带面的辐射式教学方法，以核心知识为圆心，帮助学生学习其他的知识内容，达到触类旁通的效果。

3. 轻游戏教学法

为改变课程内容枯燥无味、学生学习兴趣降低等困境，可将教学内容以“轻游戏”的形式展示给学生，帮助学生以简单的应用方法、低开发强度和高实用性实现教育功能。以程序设计类课程为例，教师可通过将一些经典算法案例以“轻游戏”的形式传授给学生，如交通红绿灯问题、计算机博弈等，对培养学生的程序设计思维能力有很大的帮助。

4. 回归教学法

在计算机基础教学中培养学生具备利用计算机解决问题的方式去分析问题以及解决问题的能力是非常重要的。如何培养学生将实际问题转化为计算机可以识别的语言符号的抽象思维能力一直是教学工作中的难点。引入回归教学法可以很好地解决这个问题。计算机科学的很多理论源自实际应用，所以回归教学法将理论回归问题本身，将理论教学与其原型问题解决过程讲授相结合，引导学生认识和理解计算机是如何分析和解决这些问题的，逐步培养学生的抽象思维、分析以及建模能力。回归教学法是一个从实际到理论，再从理论到实际的循环往复过程，有助于不断提高学生思维的抽象程度。

（五）教学考核评价机制

1. 完善理论教学的考核机制

（1）注重思辨能力考核

课程考核的重心以思辨能力考核为主，那么学生的学习重心将转移到对思维、方法的掌握。课程考核应适当增加主观题的比例，重点考查学生对典型案例的解决思路与方法，提倡开放型答案，鼓励学生从计算机与专业相结合视角来阐述自己的观点。

（2）调整各种题型的比例与考核重点

首先，在机考中增加多选题型的比重，并通过增加蕴含益于计算思维培养的考题来促进学生对知识以及思想和方法的掌握。其次，填空题型应重点强调对思维与知识结合点的考核，以蕴含思维的知识点为题干，以正确解决问题所需的思维为填充答案，实现思维与知识点的完美结合。最后，综合题型的考核应侧重于知识点以及思维方法与专业应用问题的结合。

（3）布置课外大作业

大作业是教师根据教学进度和课程需要为学生布置的并要求在规定时间内完成的课程任务。大作业的选题要广泛，要求学生要出产品。学生为完成作业，必须查看很多相关资料，学习相关的应用软件，例如创建一个网站，就需要学习网页制作类知识；制作一个图书管理系统，就需要学习数据库类知识；制作一个网络通信程序，就需要学习网络编程知识。学生可以独立或者几个人合作来完成大作业任务。大作业要充分体现已学知识点中所蕴含的计算思维与方法，问题解决上要反映出计算思维的处理方法，并且大作业要求体现各个专业的普遍需求。加大课外大作业在学生课程考核体系中的比重，提高了学生参与合作、进行有效思维的积极性。

2. 建立多元化综合评价体系

学生的学习是一个动态连续发展的过程，仅靠期末考试成绩不能准确反映学生真实的学习效果，因此，我们应改变过去以总结性评价为主的学生评价体系，积极构建以诊断性评价、过程性评价、总结性评价为基准的多元化学生综合评价体系。学生综合评价体系应当在对学生学习积极性、课堂出勤与表现、作业以及考试成绩等方面进行考核的基础上，适当增加对学生思维能力以及创新能力的考核。科学合理地安排不同考核的比例分配，积极创新考核形式与方法，不断提高和完善学生综合评价体系的建设水平。

此外，教师教学效果的评价体系也是整个评价机制的重要组成部分。我们可以通过完善教学督导制度、学生网上评教制度以及定期举行教学观摩课和青年教师讲课大赛来不断提升教师的教学水平，进而提高教学质量。

（六）教学师资队伍

针对学生的专业背景不同，我们应吸收具有不同专业背景并从事计算机教学与研究的教师组成新型的师资队伍，并针对不同的专业背景设计教学方案和进行有的放矢的教学，使学生了解和掌握计算机在不同专业学习中的应用以及解决专业问题所涉及的计算思维和方法，将计算机学习与专业学习紧密结合，加深学生对计算机在专业应用中的认识，进而提高学生的应用能力和应用创新能力。

（七）理论教材建设

教材是推广和传播课程改革成果的最佳载体，既要具备先进性和创新性，又要兼顾适用性；既要体现先进教育理念和计算机基础理论教学改革的最新成果，还要适合本校计算机基础理论教学的实际发展状况。在注重计算机基础知识和基本技能的基础上，要结合学生的专业学习。在“计算思维能力培养”的新型理念指导下，科学调整教材结构体系，系统规划教材内容，编写特色鲜明的高质量课程教材。

此外，我们可以尝试一种新型教材编写的思路，即在专业学科的知识框架下，以本专业的经典应用案例为引入点来讲授该应用所反映的计算机知识内容，详细分析如何对问题建立模型、提取算法，将问题抽象转化为计算机可以处理的形式。这种教材编写模式对培养学生的计算机应用能力和计算思维能力具有革命性意义。

二、以计算思维能力培养为核心的计算机基础实验教学体系

计算机学科是一个非常重视实践的学科，我们的任何想法最终都要通过计算机来实现，否则就是空中楼阁、虚无缥缈。实验教学是大学计算机基础教学的重要组成部分，对培养学生动手实践能力、分析和解决实际问题能力、综合运用知识能力以及创新能力等方面起着不可替代的作用。我们要以培养拔尖创新人才为目标，与理论课程体系相结合，与学生专业应用需求相结合，逐步形成以培养计算思维能力和创新能力为主线的多层次、立体化计算机基础实验教学体系。

（一）教学理念

实验教学既是从理论知识到实践训练来实现学生知行统一的过程，又是培养学生综合素质和创新能力的过程。实验教学要以为国家培养高水平拔尖创新人才为目标，以“理论与实践并重、专业与信息融合、素养与能力并行”为指导思想，以“学生实践能力和创新能力培养”为核心任务，将计算机基础实验教学与理论教学、实验教学与专业应用背景、科研与实验教学相结合，积极构建科学合理的分类分层实验课程体系，创新实验教学模式与方法，改善实验教学环境，提倡学生自主研学创新，注重学生个性发展，在实践中激发学生的创新意识，不断提高学生的应用能力和应用创新能力。

（二）课程体系

以“计算思维能力培养”为大学计算机基础教学改革的核心任务，深入研究不同专业的人才培养目标和各个专业对计算机的应用需求，并结合不同专业学生的特点，建立基础通识类、应用技能类、专业技能类三个层次的实验课程体系，并且每类课程都包含基础型实验项目、综合型实验项目、研究创新型实验项目，以满足不同层次人才的培养要求。实验项目的选择和设计要紧密联系实际应用，强调趣味性和严谨性，要反映不同专业领域的实际应用需求，以激发学生的兴趣，拓展学生的创新思维空间，培养学生的科学思维和创新意识。

基础通识类实验课程以基础验证型实验为主，帮助学生验证所学理论知识和掌握基本操作技能，并且将“主题实践”贯穿整个实验教学，要将基本操作和技能综合运用到具体的实验项目中。应用技能类实验课程注重学以致用，以综合型实验为主，强调实验的应用性，通过淡化理论知识，强调用计算思维与方法的手段来培养学生分析问题和解决问题的能力。专业技能类实验课程强调计算机科学与学生专业的相互融合，培养学生利用计算机科学的思维与方法去解决实际专业问题的能力。课程中综合型实验和研究创新型实验所占比例大幅提高，力图对学生在创新思维、科研能力、动手实践能力、团队合作等方面进行全面训练，不断提高学生的自主学习能力、综合应用能力和创新能力。

根据学生的兴趣爱好和专业学习，增设学生可自由选择的实验模块，并且要科学合理地安排不同实验的比例，保障和优化基础层实验，重视综合层实验，适当增加研究创新层实验。每类实验的设计要尽量实现模块化、积木化，以满足学生的不同需求，便于学生根据自己的专业特点自主选择实验内容，促进学生的个性化发展，实现培养多层次高素质人才的目标。

（三）教学模式

根据高等学校计算机基础课程教学指导委员会公布的关于“技能点”的基本教学要求，以培养学生的计算思维能力为核心，以培养多层次的高素质人才为目标，以学生的自身水平和专业特点为依据，科学制定每类课程的实验教学大纲，针对不同的专业选择不同的实验项目，安排不同的实验时数，实施不同的实验教学方法，将课内实验与课外实验紧密结合，逐步完善计算机基础实验教学体系。

1. 分类分层次的实验教学模式

不同专业对学生的计算机应用能力的要求不同，计算机基础教学应该与之相适应。我们对这些不同需求进行分析和归类后，将各个专业划分为理科类、工科类、文史类、经济管理医学艺术类等几大类，然后分别实施分类实验教学，并根据学生的自身水平和发展定位，实行分层次培养，逐步完善与计算机基础理论教学相配套的实验教学体系。

2. 开放式的实验教学模式

计算机基础实验教学要以开放式学习为主，学生在教师的引导下，不断提高自主学习的能力。在一些综合性较强的实践教学活动中，学生以小组为单位，讨论和分析问题，并自行设计和实施解决方案，让每个学生都充分表达自己的想法，激发他们的创新思维，培养他们的创新能力。

3. 任务驱动式教学模式

在计算机基础实验教学中，任务驱动式教学是一种基于计算思维的新型教学模式。在这种教学模式中，教师主要负责的工作是基本操作演示、提出任务和呈现任务、实验指导、总结归纳。学生在教师的指导下，通过自主学习和相互讨论，利用计算机科学的思维和方法去分析和解决问题。任务驱动式教学模式是教师选取贴近学生日常生活的计算机应用问题作为实验任务，如设计一个图书馆管理系统、超市商品管理系统、电子商务网站等，促进学生形成强烈的求知欲望，在教师的指导下学生通过自主探索学习或小组相互协作，选择合适的计算方法或编程工具，在不断的调试和修改中最终完成任务。任务驱动式实验教学模式充分发挥了学生学习的积极性和主动性，在强调学生掌握基本操作技能的基础上注重培养和提升学生的计算思维能力。

（四）教学内容

计算机技术的快速发展促进了实验教学方法和手段的不断变革，我们要以先进的教育理念为指导，将先进的计算机技术与实验教学内容、方法和手段相结合，推动计算机基础实验教学的改革。

计算机基础实验教学要以学生为主体，因材施教，针对不同的实验项目、不同的学习对象、不同的专业背景均采用不同的实验教学方法或者是多种方法的结合，激发学生的实践创新主动性，实现培养学生实践能力和创新能力的教学目的。比如，对于基础层实验项目，主要采用教师现场演示与指导的教学方法；对于综合层实验项目，可采用学生分组互动讨论的教学方法；对于研究创新层实验项目，可采用开放式学生自主实践的教学方法。另外，其他的一些教学方法，如网络教学可以运用于学生的课外实践活动中；目标驱动式教学可以通用于各类实验项目教学之中，在很多实验项目的实际教学中，往往会同时采用多种形式的教学方法，以此来提高课堂教学效果。下面介绍三种常用的实验教学方法。

1. 目标驱动式教学方法

教师提出实验目标与项目，学生在教师的指导下自主完成实验的各个环节，例如查阅资料、设计方案、上机操作与调试、实验结果测试以及实验报告撰写等。这种教学方法有助于培养学生的自主学习能力，提高学生的实践能力和自主创新能力。

2. 开放式自主实验教学方法

在现有实验环境的基础上，学生根据自已的专业特点和兴趣爱好来自主选择指导教师和实验项目，教师进行适当的实验指导，学生自主完成整个实验过程。开放式自主实践教学方法重视培养学生的自主学习能力和创新能力。

3. 小组互动讨论式教学方法

教师将学生分成若干个小组，并引导学生在师生之间、小组之间以及组内成员之间讨论实验的设计方案、方法等，激发学生的参与热情，提高学生的语言表达与沟通能力，培养学生的团队协作精神。

（五）教学考核评价机制

实验教学考核要突出对学生能力的考核，注重学生的学习过程，对学生实验过程进行多点跟踪，如参与积极性、贡献程度等，除利用实验课程管理系统对学生的进行过程跟踪外，还可要求学生提供实验进度报告，以方便教师实时指导和检查，控制学生的实验进度。

对于程序设计和实践操作类实验课程应逐渐取消笔试，采用上机操作或编程的“机考”，打破学生靠“死记硬背”来应付考试的传统，促进学生平时多思考、多实践、多操作，锻炼学生的科学思维和实践操作能力。

实验教学考核的目的是客观而准确地评价学生的实验过程与实验质量，以促进学生提高自己的实践能力与创新能力。由于计算机基础实验教学中实验形式多样化，强调过程与结果并重，所以我们应构建多样化的实验教学考核体系。考核体系中包含四种考核形式：平时实验考核、期末机考、实验作业考核、研究创新考核。其中：平时实验考核重点考查学生平时的实验过程表现和出勤情况；期末机考重点考查学生的基本操作技能和综合应用能力；实验作业考核形式综合考查学生的自主学习能力、综合应用能力以及创新能力，学生根据自己的专业自主选择实验题目，自由组成团队，自主设计和实施解决方案，最后教师根据学生提交的实验程序和实验报告，以及现场演示和答辩的表现情况给出成绩；研究创新考核是为了鼓励学生积极参与各种形式的科研活动和计算机竞赛活动而设立的，以培养学生的探索精神、科学思维、实践能力和创新能力为宗旨。实验考核体系要充分考虑到实验教学的各个过程环节，对学生形成全面、客观、准确的评价，提高学生对实验教学的重视程度。

我们要根据每类实验课程的要求和特点来采用不同组合的考核形式，并科学调整考核形式之间的比例关系，如基础通识类课程可采用平时实验 10%+期末机考 60%+实验作业 30%的考核体系，技术应用类课程可采用平时实验 10%+期末机考 40%+实验作业 50%的考核体系，研究创新类课程可采用平时实验 10%+实验作业 50%+研究创新 40%的考核体系。

（六）教学师资队伍

要形成一支热爱实验教学、教学和科研能力较强、实验教学经验丰富且敢于创新的实验教学队伍；逐步优化师资队伍在学历结构、职称结构以及年龄结构等方面的配置；支持和鼓励教师积极投身于实验教学教材的编写和实验教学设备的自主研制工作；鼓励教师将科研开发经验与计算机基础实验教学相结合，在不断提高自身科研水平的基础上，开发与设计一些高水平的综合性实验项目，丰富实验教学内容；逐步完善教师的培养培训制度，促进教学队伍知识和技术的与时俱进；完善教师管理体制，吸引来自不同学科背景的高素质教师参与和从事计算机基础实验教学和改革工作，逐步形成以专职教师为主、兼职教师为补充的混合管理体制，实现人才资源的互补与交融。

（七）实验教材建设

实验教材建设是大学计算机基础实验教学工作的重点之一。实验教材建设要突出“快”“新”“全”。所谓“快”就是实验教材建设要跟上计算机技术快速发展的步伐，及时更新教材内容；所谓“新”就是将计算机科学的最新研究成果和前沿技术融入教材中，将实验教学的最新成果及时固化到教材中；所谓“全”就是大学计算机基础实验教学中的所有主干课程均有配套的实验教材或讲义。

实验教材的编写方式有两种：独立的实验教材、理论和实验合一的教材。前者是在编写理论教材的同时，编写与之配套的实验教材，帮助学生在上机时有明确的实验目标和详细的实验参考资料；后者强调教材要使理论与实际应用紧密结合，并在内容的组织上突出对计算机操作技能的要求。根据实验课程的特点来选择教材的编写方式，强调实践操作和实际应用的课程，例如微机原理与接口技术、多媒体技术与应用、计算机网络技术与应用等课程可编写专门的实验教材，而强调基础知识与技术的课程，例如大学计算机基础、程序设计语言等课程可编写理论与实验合一的教材。

坚持走持续发展式实验教学改革之路，紧跟计算机技术的发展步伐，适应计算机技术更新频率快的特点，积极参与世界先进理论与技术的讨论与研究，密切关注计算机科学的前沿与发展趋势，及时调整实验教学体系与课程内容，将先进的技术、工具、方法、平台积极纳入实验教学之中。我们应积极推动计算机基础实验教学理念、课程体系、教学内容、教学模式与教学方法、教学资源库建设等方面的改革，培养具有较强创新意识、科学思维能力、基础扎实、视野开阔的多层次高素质创新人才。以实验室硬软件环境建设为基础，不断提高教学资源的共享与开放水平，以教学体系和管理体制改革为核心，不断提高实验教学队伍的整体素质水平，以科研来带动实验教学，不断提高计算机基础实验教学质量。

三、理论教学与实践教学协调优化

（一）理论教学与实验教学统筹协调的教育理念

理论性和实践性是计算机学科的两个显著特点，所以对学生计算思维能力的培养，除通过理论教学外，实验教学也是培养学生计算思维能力的重要途径。计算思维能力的培养离不开丰富的实践活动，它是在不断的实践中逐渐形成的。理论教学是学生获取知识和技能的主要途径，是学生掌握科学思想与方法、提升科学能力、形成科学品质、提高科学素养的主要渠道。但是，如果只停留在理论教学层面，学生学到的知识就如同纸上谈兵。学生只有经过自己实际动手操作的实践过程，才能深刻领悟解决问题所采用的思维与方法，同时结合理论学习，会加深对计算思维的理解并汲取相应的思维和方法。实验教学是大学计算机基础教学的重要组成部分，对培养学生综合运用计算机技术以及用计算思维处理问题的能力等方面具有重要意义。所以，我们应打破实验教学依附于理论教学的传统观念，树立理论教学与实验教学统筹协调的教育理念。

1. 理论教学与实验教学的协调关系

在知识建构方面，教育主要实现两个目标：第一个目标是尽可能地让学生积累必要的知识；第二个目标是需要引导学生不断地把大脑中积累和沉淀的知识清零，使其回到原始状态和空灵状态，让大脑有足够的空间发展新智慧。理论教学重在向学生“输入”知识，使学生处于吸收社会所需知识的持续积累过程，实现了教育的第一个目标。学生大脑接受新知识的容量因个体差异而不同，但终究是有限度的。因此，积累的知识如果没有得到“释放”，新的知识就难以进入大脑，这就是为什么“填鸭式”教学效果不佳的原因。实验教学重在将知识转变或内化为能力，就是将积累和沉淀的综合知识经过体验、感知和实践得以“释放”，这种“释放”并不是知识的减少，而是转化为学习主体的某种素质或某种能力，从而实现了教育的第二个目标。

理论教学和实验教学是矛盾对立的统一体，其对立性表现在理论教学向大脑“输入”知识，使知识不断增加，而实验教学将知识不断“释放”出大脑，使大脑原有储存和积累的知识不断减少；其统一性表现在二者统一于学习主体知识传授、素质提高、能力培养这个循环体中，学生进入使用知识的状态时，将在获得知识的同时发展相关的思维能力，更重要的是对知识的理解、运用和转化的能力。理论教学与实验教学是整个教学活动的两个分系统，它们既有各自的特点和规律，又处于一定的相互联系中。若两种教学形式各行其道、互不联系，就违背了教学规律。所以，必须正确把握二者之间的关系，将其有机地融合起来，使教学活动成为理论教学和实验教学相互影响和相互促进的整体。

（1）传授知识与同化知识相互协调

知识不可能以实体的形式存在于个体之外，尽管理论教学通过语言赋予了知识一定的外在形式，并且获得了较为普遍的认同，但这并不意味着学习者对同一知识有同样的理解。只有在思维过程中获得的知识，而不是偶然得到的知识，才能具有逻辑的使用价值。个体针对具体问题的情境对原有知识进行再加工和再创造，这就是实验教学对知识接受者的同化过程。理论教学注重培养学生的陈述性知识，侧重于基础理论、基本规律等知识的传授，从理性角度挖掘学生的潜力，使学生的思维更具科学性；实验教学注重培养学生的程序性知识，侧重于拓展和验证理论教学内容，具有较强的直观性和操作性，把抽象的知识内化为能力和素质，从感性的角度培养学生的实践操作能力、分析问题和解决问题的能力，提高学生的综合素质。建构主义学习理论认为，知识是学习者在一定的情境即社会文化背景下，借助他人（包括教师和其他学习者）的帮助，利用必要的学习资料，通过建构意义的方式而获得的，即通过协作活动而实现。这种知识的获得仅通过理论教学是无法实现的，只有通过实验教学学生间、教师与学生间的协作才能实现。在高等学校的人才培养过程中，只有理论教学和实验教学互相协调、相得益彰，才能使学生更好地接受知识和领悟知识。

（2）提高素质与顺应素质相互协调

人的素质是指构成人的基本要素的内在规定性，即人的各种属性在现实人身上的具体实现以及它们所达到的质量和水准，是人们从事各种社会活动所具备的主体条件。素质是主体内在的，具有不可测量性，人的素质决定了知识加工和创造的结果。从教育的功能看，素质教育是人的发展和社会发展的需要，它以全面提高全体学生基本素质为根本目的，是尊重学生主体地位和主动精神、注重形成人的健全个性为根本特征的教育。素质教育贯穿高等院校人才培养过程的始终。目前，高等院校理论课程体系中渗透了很多素质型知识。由于高等学校教学条件和师资所限，教师只能进行“批量化的套餐式”教育，素质的内在规定性决定了仅靠理论教学难以达到提高学生素质的目的。实验教学通过模拟和仿真现实经济环境，学生根据自身的感知和理解，会发现理论教学框架下建构的知识与现实经济环境不一致的地方，不得不按照新的图式重新建构，这种重新建构的图式将因个人素质不同而相异，是一种“个性化自助式”的顺应素质过程。在整个教学活动中，提高素质—顺应素质—再提高素质—再顺应素质是一个循环往复的过程，起点和终点间存在着难以辨识的因果关系。从教学体系看，只有理论教学提供了顺应素质的素材，实验教学在素质教育的过程中才能实现顺应素质的功能。提高素质和顺应素质必须相互协调，从符合学生认知规律的角度出发，将提高素质和顺应素质有机结合，才能实现理论教学和实验教学在素质教育中的最大效用。

（3）培养能力与平衡能力相互协调

一个人素质的高低通过能力来加以衡量。建构主义认为能力是指“人们成功地完成某种活动所必需的个性心理特征”。它有两层含义：一是指已表现出来的实际能力和已达到的某种熟练程度，可用成就测验来测量；二是指潜在能力，即尚未表现出来的心理能量，通过学习与训练后可能发展起来的能力与可能达到的某种熟练程度，可用性向测验来测量。心理潜能是一个抽象的概念，它只是各种能力展现的可能性，只有在遗传与成熟的基础上，通过学习才可能转化为能力。能力很难衡量，但却有高低之分。其中，能力培养的终极目标就是培养具有创新能力的高层次人才。创新能力的实现并不是一蹴而就的，而是通过低级能力向高级能力逐级实现的，当一种低级别的能力实现后，学生将向高一级别的能力进行探索和追求，学生个体通过自我调节机制使认知发展从一个能力状态向另一个能力状态过渡，这正是建构主义理论的平衡状态。理论教学为培养学生能力嵌入能力型知识，获取知识后，形成能力；实验教学通过“做中学”引导学生由一种能力状态向高级别能力状态探索，在探索过程中，需要理论教学的支持。创新能力就是在这种平衡—不平衡—平衡过程中催生出来的。

2. 理论教学与实验教学的统筹协调原则

高等学校的人才培养质量，既要接受学校自身对高等教育内部质量特征的评价，又要接受社会对高等教育外显质量特征的评价。以提高人才培养质量为核心的高等学校人才培养模式改革，必须遵循教育的外部关系规律与教育的内部关系规律，理论教学与实验教学统筹协调模式的设计应注重社会需求与人才培养方案的协调。在坚持这一原则的基础上，根据理论教学与实验教学的协调关系，还要坚持实验教学体系与理论教学体系必须统筹协调这一原则。此外，能力培养是教育的终极目标，因此，还要坚持知识传授、素质提高能力培养这一原则。

（1）社会需求与人才培养方案相协调

高等学校教学改革的根本目的是提高人才培养质量。高等学校的人才培养质量有两种评价尺度：一种是社会的评价尺度。社会对高等学校人才培养质量的评价，主要是以高等教育的外显质量特征即高等学校毕业生的质量作为评价依据，而社会对毕业生质量的整体评价，主要是评价毕业生群体能否很好地适应国家、社会、市场的需求。另一种是学校内部评价尺度。高等学校对其人才培养质量的评价，主要是以高等教育的内部质量特征作为评价依据，即评价学校培养出来的学生在整体上是否达到学校规定的专业培养目标要求，学校人才培养质量与培养目标是否相符。教育的外部规律制约着教育的内部规律，教育的外部规律必须通过内部规律来实现。因此，高等学校提高人才培养质量，就是提高人才培养对社会的适应程度，考证社会需求与培养目标的符合程度。

（2）实验教学体系与理论教学体系相协调

实验教学与理论教学是一个完整的有机联系的系统，只有课程体系的总体结构、课程类型和内容等在内的各个要素统筹兼顾，才能达到整体最优化的效果。把传统的教学过程中的课堂教学和实验教学分为彼此依托、互相支撑的两个有机组成部分，让课堂知识在实践过程中吸收和升华。根据人才培养目标和实验教学目标的形成机制和规律，在构建实验教学体系时，必须注意实验教学与理论教学的联系与配套，同时兼顾实验教学本身的完整性和独立性。在教育理念指导下，学校总体人才培养目标衍生理论课程教学目标和实验课程教学目标，根据社会需求与人才培养方案相协调的原则，产生理论教学课程体系和实验教学课程体系。在统筹兼顾的情况下，理论教学和实验教学课程体系联合产生专业教学计划，以满足学习主体岗位选择需要、行业选择需要和个性化选择需要。

（3）知识传授、素质提高以及能力培养

知识、素质、能力是紧密联系的统一体。自柏拉图以来，许多教育家一直都倡导这样一种观点：教育不仅是授予知识，而且还在于训练，并形成能力。大学教育应在传授知识的同时着重培养学生的多种能力。素质作为知识内化的产物，提高素质并外显为能力是教育教学的终极目标。最终实现知识内化为素质，素质外显为能力，主体在知识同化、素质顺应过程中达到能力平衡。个体素质和能力的不同对知识的理解和应用知识的能力会产生很大偏差。实践中，很多学生在利用科学知识过程中产生出谬论和错误的结果，其原因不在于知识的正确性，而在于其本身素质和能力尚未达到理解和应用知识的高度上。因此，在人才培养模式设计中要注重知识传授、素质提高、能力培养的相互协调，这样才能相得益彰。

（二）“厚基础、勤实践、善创新”的教学目标

“精讲”是相对于理论教学而言的，教师要精选知识点来重组教学内容，讲课要突出重点和难点，讲授内容“精髓”，启发学生思维，引导学生思考。“多练”是相对于实验教学而言的，适当调节理论教学课时与实验教学课时的分配比例，让学生有更多的时间上机练习相关的计算机技术与方法。在教学理念上，总体指导思想是由无意识、潜移默化变为有意识、系统性地开展计算思维教学，讲知识、讲操作的同时注重讲其背后隐藏的思维。在教学方法上，突出应用能力和思维能力的培养，通过教学方法的改革展现计算机学科的基本思想方法和计算思维的魅力。

1. 理论教学方面

理论教学目标从知识传授转变为基于知识的思维传授。学生在学习计算机理论性稍强的内容，如计算机系统组成、计算机中数的表示时，感到抽象难懂，但这些内容又是理解认识计算机学科的基础。教师在讲授这样的内容时应精心设计教学内容、案例，挖掘隐藏在知识背后的思维，讲授时简化细节，突出解决问题的思路。转变先教后学的教学方式为先学后教。大一新生对计算机基础课程中很多内容已有不同程度的掌握，学习这部分内容时，可以在讲授前通过给学生布置任务、作业，让学生结合具体的任务或问题先自学，教师课堂上引导学生对问题进一步理解，这样能使学生更深刻地理解学习内容，培养自主学习能力、训练思维。一些内容还可让学生先准备，课堂上以讨论的方式进行，如计算机的历史与未来、计算机对人类社会发展的影响、身边的信息新科技等内容学习时，让学生在上课前先思考、学习，课堂上教师引导学生有效地思考、讨论，逐步开拓思维，培养学生分析问题的能力。

2. 实践教学方面

实践教学目标应注重实用性、趣味性和综合性。实践教学是计算机基础教学的重要环节，对培养学生计算机应用能力起着至关重要的作用。目前计算机基础实践教学中还存在许多问题，如教学内容更新缓慢、学习的内容往往不是当前的主流技术；实践内容选取脱离学生学习生活实际，与学生所学专业脱节，不能学以致用，难以激发学习兴趣；实践内容安排不够紧凑，教师的答疑引导不及时；上机实践过程的监控管理不到位等。针对这些问题，在实践教学中应注重做好以下两个方面的工作。

（1）紧跟计算机技术的发展，及时更新教学内容、实验环境。学生学到当前主流技术，才能够强化实际应用能力，培养实用型的计算机应用人才。设计实践内容时，增强趣味性，案例贴近学生实际、结合学生所学专业，以激发学生学习兴趣，引起心灵共鸣。在实验内容设计时，除一些让学生掌握基本知识、技能的基本题目，还应适当设计一些综合性的题目，让学生感到所学内容实用、有用，能解决学习生活中的实际问题。

（2）规范上机实训流程，强化总结反思环节。典型上机实训教学的展开，可按照“布置任务学生实做、教师巡回指导—讲解总结”的顺序进行。实训前，教师首先布置上机任务，并对上机目标、内容、方法和注意事项等进行必要的介绍和说明。明确了任务，方法得当，学生才能够按照要求完成上机作业。巡回指导，及时发现学生在上机中的疑问，及时解答、指导，保障练习过程的顺利进行，同时摸清学生实训情况，进而能够在下一阶段的讲解总结中有的放矢地进行。讲解总结是上机实践的最后一个环节，也是一个非常重要的环节。教师的讲解总结，不仅使学生掌握具体题目的操作方法，更要让学生领会解决问题的思路，锻炼举一反三的能力，引导学生进行拓展迁移，帮助学生反思内化。

站在理论教学和实验教学相结合的高度去深化计算机基础教学改革将分别承担理论教学和实验教学组织结构的实质性整合，从体制上保证各项改革的顺利推行，统筹配置，实现教学资源的优化重组，创建将教学与实验融为一体的“生态环境”，切实提高计算机基础教学质量，发挥最大的教学效益。要创新计算机基础教学管理体制和运行模式，实现理论教学与实验教学的融会贯通，保障教学运行高效顺畅，教学效益明显提高。

第三节　基于计算思维的教学模式设计与构建

一、面向计算思维培养的项目式学习的教学模式

随着现代信息技术的不断普及与发展，以计算机领域为主的行业也在不断地加速发

展，为了更好地拓展教育发展，从而为计算人才梯队的建设不断拓宽教育模式的研究路径，通过项目式学习的教学模式对计算思维培养意义深远，通过借助面向计算思维培养的项目式学习的教学模式研究来强化信息技术学科教学核心素养的培养。

（一）计算思维特性培养的项目式学习简要概述

计算思维从思维意识上来讲是超越以计算机科学的基础概念进行问题的求解，是在思维领域中以意识指导为存在的内容。在现代认知中，人们对计算思维仅仅局限于依托计算机技术进行的问题求解与思考，未能真正意识到思维层次所蕴含的复杂性、抽象性实则是更为复杂的内容，是依托于人脑存在的思维活动，是相较于物质存在更为系统、富有计算机思维的科学广度与深度。

项目式学习是一种动态的学习方法，以学生为主体，在项目的研究过程中寻找解决问题的方式方法，而不是在固定套路中去实现项目的实施与进行，这种在实现形式上非常契合计算思维培养的形式，两者在相互交织之中，实现教学模式研究的突飞猛进。项目式学习注重小组的团队结合，实现小组形式的集思广益来发挥集体的力量，通过以问题为导向，激发各种思维模式的碰撞，注重对角色的转换，实现角度的全面化，以此从综合方面实现项目问题的完美解决。在这种学习模式下，教学模式变得更加灵活，教师所起到的作用偏向引导，具体的实施还是要靠学生的自主参与，改变了以往传统教学的单一与固化，实现了学生在学习中的效率最大化，激励了学生自主思考的能力提升，使计算思维培养的项目式学习的教学模式研究更趋于成熟。

（二）计算思维培养的项目式学习的教学模式现状

在现代教学模式中，针对计算思维培养的教学模式研究相对还是比较弱的，计算思维缺乏系统理论内容的支撑指导。在实现项目式学习的教学模式过程中，有关项目式学习的七步法——弄清概念、定义问题、头脑风暴、构建和假设、学习目标、独立学习和概括总结。这些步骤在实际应用过程中还是显得十分机械、呆板。但教学模式的应用从操作步骤来看还是比较全面且系统的，但在针对相关问题的实际操作过程中，项目式学习的操作步骤在实现效果上还是良莠不齐。造成这一现象的原因与教学的师资力量和接受教学反馈的学生状况息息相关。不同等级的学生接受能力有限，无法深刻、全面地领会这一教学模式带来的效果，而部分教师在教学过程中仍需不断加强这一教学素质的拓展，因此教师的教学质量与教学成果的转化也密切相关。

受地区经济发展程度影响，各地的教育发展水平也大有差异。在经济发展水平相对比较优越的地区，更加注重对学生现代高素质的培养，学生在经济基础的支撑下，能够更方便地接触到更好的教学辅助设备，针对计算思维培养的内容更加全面与深刻。而经济水平相对落后的地区，缺乏现代科学技术的支撑，在信息技术的教学过程中存在滞后性。一方面受师资力量的制约，教师的教学水平有限，针对信息技术的教学研究内容比较单一，缺乏对学生计算思维的培养，更缺乏对项目式学习的实践教学的内容研究。另一方面，学生的接受能力有限，教师在实现项目式教学的研究过程，针对头脑风暴的步骤进行中，学生在思维能力的连接过程中，受自身实际眼界范围的局限，缺乏头脑风暴的创新力，甚至害怕面对超前性的教学模式的挑战，学生缺乏勇于创新的激情与自我突破的意识。导致在教学实际进展过程中师生之间未能很好地配合，小组在实际任务的展开过程中缺乏实际创新的能力，往往是以完成任务为目的，而不是以培养思维意识为宗旨，只是单纯地为了完成任务而缺乏对项目的求实精神。

（三）计算思维培养的项目式学习教学模式具体研究

计算思维培养的项目式教学的教学模式研究，不能只依靠计算思维的培养，而是要从实际的项目式学习与思维意识的拓展两者的相互联动过程中，加强对教学模式研究的素质培养与建设。关于加强计算思维培养的项目式学习教学模式推动工作研究内容具体如下。

1. 从实际教学问题的解决过程中，强化思维意识

在计算思维的培养过程中，不再拘泥于从传统计算工具的应用与解决上来实现思维意识的培养，而是注重在实际中学习与应用。在运用计算思维的过程中，通过对自身多方面能力的加强与培养提高问题的分析能力、概括总结能力、探讨能力、算法思维能力、结构化问题分解能力等。例如，在日常学习过程中，如何通过对实际问题的解决来转化为思维能力教学模式的优化。在遇到学习的问题过程中，通过引导学生如何借助分析来获得解决问题最高效的方法，而不是在现有方法中去套用而获得问题解决。在日常生活中，关于排队、结账、收拾个人物品等问题上，通过结合对服务器系统的性能模拟来计算出怎样的排队方式更加快速；通过在线算法来得出哪种结算购买方式更加优惠划算；通过预制与缓存的模式来合理安排收纳好个人物品，归类出日常所需的物品使生活安排得井然有序。这些看似与计算思维培养毫不相关，实际上是由计算思维转化为实际问题的应用。

2. 从程序问题视角解决出发，加强学习情境的建设

在探究计算思维培养的项目式学习的可行性过程中，首要考虑的是是否被学生接纳与喜爱。只有受到学生广泛接受的内容，才有教学模式研究与探讨的意义。在加强这种计算思维项目式学习的过程中，通过对学习情境的创设，以解决问题为概要，从程序应用的实

际过程中去分析所学的内容。具体的实施案例，可以突破原有教学模式的单一，走出室外，划定小组共同探讨得出相应的解决方案。最后由学生代表总结发言，由教师指导反馈指出项目所存在的不足与亟待升华的可取之处。

3. 从教学模式的评价机制建设中，强化教学质量提升

项目式教学包括四要素，即情境、内容、活动、结果，根据这四个方面的实施来建立相应的评价机制，从学习情境的建设到问题解决过程、解决结果的评估，从实践活动效果各方面的表现进行相应的评价机制的转化，从实际效果去强化四要素的实施标准。要在实行的过程中紧密实际生活，从日常问题的探究中，来体现相应的学习能力，注重应用计算算法的多维度联系，注重建模路径的程序化算法的实施。这样有助于将日常生活灵感转化成实际的计算模型，能够促进学生思维能力与转化能力的提升。但在实际操作过程中，代码的编写常常会遇到很多基础性的问题，这方面的问题可以从计算程序上优化。从代码编译完成后，由学生整体划分组别进行讨论与交流，帮助解决基本的问题，最后由教师进行整体框架的把握，在评价机制现有的程序中，将项目整体的内容进行系统的完善。经由这一程序的操作过程后，能提升学生自主的纠错能力，还能提高教师的教学质量，帮助师生在项目程序的实施过程中始终保持在正确、有效的轨道上进行。

综上所述，随着现代化进程的加快，科技的发展越来越快，如何保持在科技行列中始终拔得头筹，需要在各种思维领域中深化与加强。在面向计算思维培养的项目式学习的教学模式研究过程中，要发挥师生的联动效益，共同为智能时代的发展而集思广益，砥砺前行。

二、基于计算思维培养的 BOPPPS 教学模式的设计与构建

创新性教学模式的设计和应用在实践中，须结合不同的课程教学内容匹配相应的环节，做好教学内容的规划和设计。在计算机思维培养的背景下，BOPPPS 教学模式是适应此课程的具有创新性和实践性的教学模式。教师需根据信息技术课程不同类型的分支课程，以及高等院校学生相关课程的学习理解能力合理运用创新性教学模式，通过科学设计与完善，为提升这部分课程的实践教学效果提供支持。

（一）BOPPPS 教学模式构建的基本原则

1. 结合实践学习需求灵活调整教学程序顺序

当新的教学模式融入应用后，须结合实践中的教学现状，对创新教学模式的不同教学环节进行灵活调整，避免过度依赖固定教学模式的基本流程。另外，信息技术基础课程

中，不同的分支课程在课程教学侧重点上也存在差异。这意味着其所适应的教学模式和教学流程规划需求也存在一定的差异。通常情况下，常规的课程教学程序设置是将目标设定和前测阶段归纳为课前准备阶段。这一阶段主要是强调，利用多媒体教学工具或信息化教学平台为学生发布自主学习所用的相应教学资源，帮助学生对课程学习的基本目标以及计算思维培养的要求进行初步的了解。随后，将参与式学习放在信息技术核心教学阶段，这一阶段主要以培养和提升学生的理论理解能力和实践应用能力为教学引导的针对性目标。最后，将后续测试和总结分析的阶段纳入课后学习环节。重点结合课程学习的前两个阶段存在的实际问题进行分析，并最终通过问题的反思和总结，为进一步的课程教学提供参考。

2. 结合计算思维培养的需求组织落实创新教学模式的环节

对于信息技术基础课程来说，计算思维的培养需要结合学生的计算机课程学习基础以及思维状态和思维习惯找到教学引导的切入点。并且结合计算思维培养的不同要素，对教学组织环节的侧重点进行规划，确保教学过程中能够有针对性地发挥出培养学生计算思维的作用。对于学生来说，针对性能力的提升也能够适应计算机相关课程的教学要求，通过创新性教学模式和方法的应用，为最终取得相关课程教学的实践效果奠定基础。

3. 应当针对核心教学环节加强规划实践力度

核心教学环节的规划和实践，对于计算思维培养的效果以及信息技术基础课程教学效果的取得都有非常重要的促进作用。因此，教师应当在以学生为主体的实践教学环节加强规划分析力度，引入多元化的教学技术和工具，结合不同分支课程的教育教学目标和课程教学内容选取多元化的教学引导模式，保证核心教学环节在教育引导的实践效果和具体实施流程上具备顺畅稳定的特征。在实践教学组织与落实的过程中，作为教师也应当加强与学生之间的沟通交流，以便及时了解学生在课程学习中可能遇到的实际问题，为进一步在实践教学中找到解决问题的思路和方法提供帮助。

（二）高等院校信息技术课程的总体分析

1. 课程基本性质

信息技术基础的课程教学在学生的教育培养目标上，主要定位在基本的信息技术素养和计算思维能力培养两个方面。课程教学的过程中，更加注重学生通过学习掌握基础的计算思维以及一些典型的实践教学工具和应用工具的运用方法。这不仅是帮助高等院校学生适应互联网时代的重要路径，也是为进一步的专业课程学习提供帮助的重要环节。即使在不同的专业课程学习背景下，计算机信息系统的应用能力和简单的操作能力也会影响到专业课程的教学效果。需要教师通过通识性的计算机课程，引导学生掌握一定的课程基础实践方法。

2. 信息技术课程计算思维培养的价值分析

信息技术课程需要学生掌握一定的理论基础知识，并在此基础上落实到实践环节中。对于非计算机专业的学生来说，职业院校的教学中计算思维的培养是信息技术课程所需要追求的基本目标。在具体的课程教学环节中，多种不同的章节和学习阶段都需要学生具备计算思维。只有计算思维的培养能够达到一定的水平层次，才能够在实践中进一步指导学生完成信息技术基础课程的专业学习。例如，计算机信息安全与网络安全的相关知识学习中，就需要学生用计算思维的方法对信息显示中的偏差和信息表示方法的规范模式进行，针对性的分析和了解。而计算机中的编码以及计算机运算基础原理的相关知识，也需要学生具备一定的计算思维，适应计算机运行系统的基本特征和运行模式，运用计算思维，达到信息技术课程学习的有效性提升目标。

（三）信息技术基础课程基于 BOPPPS 教学模式的构建路径

1. 课程教学前期设计分析

在信息技术基础课程的教学引导过程中，教师须结合分支具体课程的内容，在课前教学设计的环节明确目标，并进一步结合具体的课程，在目标设计的环节注重层次的划分，确保计算思维培养三维框架成为目标设计的主要依据，达到前期教学设计为计算思维培养提供服务的效果。例如，信息技术基础课程中程序与设计语言课程的基本结构中，就包括了计算基本概念、计算实践以及观念培养三个基本形式。这种层次划分的模式，是以阶段性的计算思维培养作为基础条件的。例如，概念理解维度的教学目标设计可具体到要求学生理解并掌握变量和表达式的概念，并且对赋值语句和函数执行过程进行了解。这一环节的教学目标，对学生计算思维的考验主要包括三个环节：一是抽象思维能力；二是模型构建能力；三是逻辑顺序分析判断能力。另外，还需要学生通过循环思维的支撑作用，找到合理的运算符，并依托数据对电量的概念表达式的概念以及专业的赋值语句的概念进行有针对性的理解。可见，在前期设计环节中，需要教师结合不同的信息技术基础课程分支，按照计算思维培养的基础框架逐步引导学生锻炼和提升个人的计算思维能力。而关于前期阶段的具体设计，教师可通过发放简单的信息技术基础试题或设置相应的讨论问题，让学生基于具体问题进行讨论。需要强调的是，这一环节中教师可将整体的测试和讨论过程融入计算机平台，直接完成充分利用现阶段常用的计算机讨论区域模块以及在线测试功能模块设置相应的基础试题。让学生通过参与测试和讨论，反馈个人在相关课程学习过程中的实际状态，为后续的课程教学核心环节的设计提供参考，现阶段比较常见的在线讨论模块以超星平台为典型代表。

2. 课堂教学核心环节的设计分析

上文已经提到，课堂教学的核心环节主要包括引入和参与学习的实践环节，在计算机相关课程的教育引导过程中，教师需要在前期的引导以及核心的教育教学组织过程中融入计算思维培养的目标和要求。通过提出具体问题，首先调动学生的自主思维过程。在此基础上，让学生通过思考问题的过程对计算机课程的学习原因，或部分专项课程的学习任务进行明确的感受。例如，在程序设计类的专业课程教学中，教师就可以通过创设情境的方式提出相对比较简单且具有指向性的实际问题。教师和学生可共同参与到教学实践的环节中，通过猜数字游戏程序的模拟观察或设计环节的规划完善帮助学生在这部分课程的前期引导学习阶段基于具体的实践案例，对知识学习的价值和意义进行了解。随后由教师引导学生带着实际问题进入核心的学习实践环节。

在具体的课程教学核心环节，教师可按照以下三个基本步骤设计核心教学流程：①由教师进行初步的理论知识点讲解，结合课程内容的基本目标任务进行基础维度的讲解。按照前期课程教学的基础，针对讨论环节中学生提出的实际问题对其中可能影响后续教学实践的具体问题进行分析和研究，帮助学生扫清进一步进入高层次学习阶段的障碍。②由教师布置有针对性的实践课程内容，通过实践任务的设置考验学生的实践应用能力。教师可借鉴上文所说的简单小程序设计设置相应的实践模块应用功能，鼓励学生应用流程图和结构图以及具体的软件工具完成相关程序的简单设计实践。为了确保学生在程序设计环节取得良好的实践效果，教师可在前期进行一定程度的示范引导，对整体流程的步骤进行规划和明确，并且向学生全方位展示。③由教师鼓励学生自主进行实践训练，依托线上教学平台和系统完成相应课程的在线作业。在作业设计的内容结构方面，可将理论知识和设计实践作业分为两个层次融入在线系统中进行设置。帮助教师通过学生在线作业的完成情况，了解其课程学习的程度和水平。

3. 课后阶段设计分析

课后阶段的设计主要是指，在学生完成了基础课程的学习任务后，通过后续的有针对性的测试，由教师对学生学习过程中出现的实际问题进行查验和补充。对于计算机课程的学习来说，不同学生的基础学习能力、理解能力可能存在差异，这种差异会直接影响到学生后续的实际学习效果。因此，更需要教师在后续的设计阶段通过后测方式的融入，用集中而具有综合性的测试方法对学生学习相关计算机课程的实际效果用多种不同的渠道和方法进行测试。具体来说，与前期的基础测试相同，后续的学习成果测试也可利用在线学习平台和实践平台落实执行。教师可结合前期基础测试的设计框架和模块，以计算思维的培养效果观察为目标，通过设置理论为主的测试题目和实践维度的测试任务对学生的课后学习效果进行初步测试。具体来说，理论测试中在线习题的类型可设置以下三种：①选择类题目。包括单项选择题和多项选择题。②客观型题目。即填空题与判断题，主要依托学生对基础知识的理解能力和理解程度进行具体题目的完成和判断。③发散性实践综合题目。这类题目主要是基于不同学生的基础学习能力和综合实践能力，通过设置发散性的主题任务或实践项目，让学生自主完成实践项目并找到实践学习的科学方法。对学生来说，这种多角度、多方面的实践学习过程是体现学生自主学习思维能力和实践能力的关键环节，也是教师在后续的教学环节中，总结问题与解决问题的主要依据。

除此之外，最终的课后设计环节还应当设置自我反思和总结的环节。首先由教师从自主的角度进行反思和总结，了解具体的课程教学目标是否在既定的课时安排和实践教学目标任务的背景下顺利达成。另外，还需要回顾性分析整体的课程教学过程是否顺利推进。学生则主要反思在课程教学的过程中自我的收获感以及自己学习中遇到的实际问题是否得到了全方位的解决。回到上文所举的程序设计语言相关课程上来讲，课程教学任务是否完成，需要依托学生的自主回顾，找到具体问题的分析和解决办法。同时，为后续可能存在的问题总结和规划出最优的实践方案，通过实践方法的归纳总结，为最终课程教学取得良好实践效果奠定基础。

4. 拓展学习阶段设计

拓展学习阶段的设计主要是指，教师可结合相对来说学习能力和学习基础层次较高的学生的主观需求，设置一定主题的拓展性实践学习任务。在具体的拓展性任务设计环节，教师可结合不同学生的基础学习能力和层次以及信息技术课程教学的基本要求和实践能力培养目标有针对性地设置拓展性的实践任务，鼓励相对来说学习能力较强、自主实践能力较强的学生，通过自主完成在线实践学习任务达到计算思维和计算实践能力培养的目标。例如，对于本文探讨的程序设计语言类课程来说，教师在拓展实验任务设置的过程中，可将循环语句应用作为拓展实验的具体任务，考验学生掌握专业流程图设计工具的能力，并且进一步检验学生对流程图循环控制结构的认知和设计能力。

第五章　计算机专业人才培养模式的改革

第一节　计算机科学与技术人才培养

一、计算机科学与技术人才创新能力的培养

新课改实施以来，许多科目的教学都发生了改变。计算机科学本身就兼具着严谨的科学态度，对于计算机科学专业的教学而言，最主要的还是培养学生自身的创造力、创新精神。

（一）计算机科学与技术人才创新能力培养概述

就目前的社会环境而言，计算机已经是人们日常生活不可分割的一部分。每天的日常生活以及工作都会和计算机有接触，计算机简单的基本操作能力是必须具备的。对于计算机专业的学生来说，计算机的基本操作能力是远远不够的，还需要培养其创新精神和创新能力，但是传统的教育教学观念已经深入人心，相关的教育工作者对此方面的教学也是本着完成课业任务为宗旨而进行的，对于学生真正内在能力的培养重视程度远远不够，而这方面存在的教学问题更值得教育工作者重视。

（二）计算机科学与技术人才培养所要达到的要求

计算机科学的学科性质是严谨的，对于专业人才是有严格的要求的。这些要求主要与个人的文化素质、创新素养、创新能力、对于计算机基本操作能力、计算机软硬件的熟悉与了解程度、计算机专业就业前景方向的考量等有着密切的联系。在具体的业务服务方面，需要专业人才掌握具体的实际操作能力，对于本科毕业生来说也是有要求的，并不是应届毕业生会得到公司更多的帮助，相反，就目前而言，现在越来越多的大学毕业生是在实习的过程中乃至工作的过程中逐渐提升自身的实际操作能力的。因此，对于大学毕业生在计算机专业方面是有要求的。

1. 具体的实际操作能力来源于最初的理论知识，学生需要认真记好教师在课上讲授

的专业的理论知识，要拥有计算机的基本操作能力与基本的分析能力。对于教师课上讲授的内容，自己翻译成自己懂的语言进行背记，如遇到不能理解的理论知识可以及时地向教师求助。最重要的一点是，学生自身对于这个学科的学习要保持着积极的态度与高昂的热情，对于该记下来的理论知识要充分地理解、吸收，最后掌握、转化成自己的语言。

2. 计算机毕竟是电子设备，电子设备也会出现问题。对于计算机本身出现的问题属于系统之外的问题，此时需要学生结合当时的实际情况做出正确的判断，并及时做出调整与改变。另外一种问题是系统之内的问题，当学生在操作计算机时，并不是计算机的问题，而是学生自身遇到了问题，此时需要的是学生强大的综合分析能力，理论联系实际，经过思考，快速总结出问题所在，最后给出解决的方案。

（三）计算机科学与专业技术人才培养过程中存在的问题

多种矛盾并存阻碍计算机人才的培养。就目前而言，各个高校内所面临的状况大都一样。由于我国的应试教育根深蒂固，教师的教育教学思想从小学开始基本就是为了考试，争取在考试的过程中取得好成绩以上升到一个更好层次的初中、高中乃至大学。因此学校以及教师对于学生的真正内在能力的培养是没有什么概念的，也不会将这样一个“华而不实”的能力列入教育教学目标之一。对于各个大学而言，更多的是学科型的人才以及学术型的人才，对于这两种人才的培养教师也都会以比较大的力度落实相应的教育教学工作；对于综合型的、创新型的以及实际操作能力比较强的学生的培养可以说是少之又少。出现这样的局面主要是因为存在多重矛盾。

首先，在教育教学的过程中，大多数教师由于受到传统教育观念的影响忽视了对学生创新能力的培养，思想太陈旧，教学方法也比较单调，对于创新能力的培养并没有相应的备课方案，只是照本宣科。

其次，学生的真实水平是不一样的，学生的悟性也是不一样的。学生共处一个教室共同接受教师传授知识，由于种种因素的影响，比如自身的学习能力问题、课上的认真程度、课下是否及时复习等，都会造成学生最后接收到的知识信息量的差异。目前本科生在学校的表现令人失望，大多数学生在学校学习的最终目的也就是为了能够顺利毕业，学习的态度比较消极，其把期望都寄托在日后的实习乃至工作当中。由于学生各自的素质不一样，学习的态度也不积极，导致教师正常的教育教学受到了极大的阻碍。

最后，计算机课程的安排是不够合理的，有一些高校的计算机课程的时间甚至安排在晚上。经过一天的学习或活动，到了晚上，大多数学生已经是身心疲惫了，然而对于计算机这个比较特殊的学科来说需要进行上机实际操作，当学生拖着疲惫的身躯坐在电脑前时，大多数提不起兴致听教师授课。

当今社会几乎每一个公司都需要专业的计算机人才，但是即使专业的计算机人才有的时候也没有足够的能力解决相关的问题。出于种种原因，大学生毕业之后并没有足够的能力去适应社会，因此就业相对来说会比较困难。

（四）培养计算机专业人才创新能力的具体方法

1. 营造具有创新氛围的校园环境

校园环境对学生学习效果的影响是不容忽视的，学校的校园环境主要由学生、教师以及管理人员等共同决定。传统的教育教学观念与创新型教育教学在本质上是有区别的。在传统的教育教学中学生与教师之间是存在距离感的，教师给人一种高高在上的感觉，很难被学生亲近，若想要创新型的教育教学方法顺利开展，必须打破这样的现象。教师应该主动走到学生中间，尝试了解学生之间的新鲜事物，站在学生的角度思考问题，让学生放心地亲近教师而不是怕教师。在管理方面也不要揪着小错误不放，学生有自己的私人空间，管理者应该认识到这样的问题。在实验课上可以增加一个讨论的环节，其间学生将自己的想法表达出来，各抒己见，最后由教师给出指导性的意见。

2. 对于创新意识与创新环节的培养要增大力度

关于创新意识与创新能力的培养并不是一朝一夕能够完成的，这样的意识与能力是日积月累的成果。在课堂上，教师讲授专业课的相关知识点固然重要，但是也要注意与实践相结合，要让学生自己动手操作，感受理论联系实际的重要性。在实验课的设置上也要改变传统的教师讲授学生观看的现象。教师在短时间内完成课程讲授，然后将剩下的大部分时间交给学生，学生可以根据自己的想法完成教师规定的任务。学生创新意识的培养需要教师的前期引导与帮助，与此同时，也需要学生养成一种思维模式：凡事要自己动脑，多想几个操作方案，逐渐形成一种习惯。

③加强教师队伍的建设，提高整体的师资力量

就目前而言，大多数教师的授课形式还局限于为了学生顺利毕业的目的，对于学生是否具备计算机方面的能力并不关心。教师队伍需要做出调整，对于教师的授课核心需要做出改变，需要教师改变授课态度。教师是直接传授给学生知识与技能的群体，有责任也有义务帮助学生掌握真正的技术核心，即创新能力。加强教师队伍的建设，及时对教师进行思想方面的教育引导，要让教师真正意识到自己的重大责任。

二、计算机人才个性化培养

下面针对计算机科学与技术专业本科教学特点，以兼顾基础素质培养与深造就业发展

的“厚基础，宽口径”为目标，提出“五层次+六模块”的培养模式，夯实学生专业基础，拓宽未来发展方向，着力加强学生创新精神和实践能力培养，增加实践教学课时、拓展课外培养内容、开阔学生国际视野，实现“术业有专攻”的计算机人才个性化培养。采用多层次、全方位的教学组织架构，开展教学管理、监控与评价，确保个性化人才培养的有效性。

（一）人才个性化培养是计算机教育发展的必经之路

教育部颁布的《普通高等学校本科专业目录（2012 年）》进一步推动了高等学校的新一轮专业建设和教学改革。以转变教育思想和教育观念为先导，以符合专业培养目标为依据，以整合课程设置、优化课程体系和更新教学内容与方法为内容，全面落实学分制管理制度，构建培养学生创新精神和实践能力的本科专业培养方案。在培养学生基础素质的同时，学院注重学科交叉，加强与相关专业和学科的结合，与多个国内外知名高校和企业合作成立了学生实习实训基地，如生物信息学、汽车电子、高性能模拟仿真等。

面对飞速发展的科技时代和广泛的人才市场需求，学生在理论基础和实际适应能力等方面都面临着新的挑战和机遇。尤其是在计算机相关技术迅猛发展的今天，要想使培养的计算机专业学生兼顾夯实基本理论、提高创新精神、培养实践能力等诸多方面，就必须在教学体系中引入人才的个性化培养模式，针对不同类型的学生实现“术业有专攻”的计算机人才个性化培养。

（二）实现“术业有专攻”的计算机人才个性化培养

“厚基础”导致理论课时多，“宽口径”要求增加实践学时，两者存在矛盾和制约。在这样的情况下，新培养方案在有限的学分和学时内，在课程体系结构上创新地提出了“五层次+六模块”方案，给出了一套很好的解决办法。尤其针对以往“一单定制”的情况，根据学生兴趣和能力不同、未来去向不定等具体特点，提供个性化定制培养方案，避免教学资源浪费和学无所用的尴尬局面。同时，针对学生实践能力欠缺的问题，在控制必修课学分的基础上，增加独立实践课、专题实践课和课外培养环节学分内容，增强学生实际动手能力，拓展学生自主创新潜质，开阔学生国际视野，满足新形势下的就业和深造需求。

1.“五层次+六模块”课程体系结构

针对新时期市场对人才的实际需求，2013 版培养方案借鉴美国斯坦福大学采用的“跑道”式课程体系以及北京大学进一步提出的“核心—跑道—选修—毕设”课程体系结构，针对学生培养的具体情况，我们对课程体系结构进一步细化和改进，以人才基础素质与深造就业并重的“厚基础、宽口径”为目标，实现“术业有专攻”的人才个性化培养，提出了“五层次+六模块”的课程体系。

围绕培养方案中“厚基础、宽口径”的总体目标，侧重学生的基础知识掌握，同时兼顾就业和科研等实际需求。注重专业基础教学，分5个层次设在27门必修课和独立实践课中，并针对学生的兴趣方向，划分6个模块进行个性化培养，设立6门专题实践课和33门选修课。按学生的发展轨迹，须选修6~8门课，建议学生将选择的课程集中在某一两个模块中。

2.“五层次”夯实学生的学科专业基础

“五层次”侧重“厚基础”，夯实学生的学科专业基础，按课程类型由内向外划分为5个层次，毕业要求达到110学分。①必修课：包括学科基础课程和专业必修课程，如“数据结构”“离散数学”“计算机组成原理”“操作系统”“数据库原理”等课程，共68学分。②模块内先修课（即限选课）：是各模块的先修课程，包括“嵌入式系统”“Java程序设计”等课程，至少选修10学分。③独立实践课：与多门课程关联的综合实验课，如“控制与应用实验”“组网工程”等，共26学分。④专题实践课：开设了6门专题实践课，属于选修类的实践课，每门课含理论课16学时，实验课24学时，2学分，如“Android软件开发”“. Net设计与架构”等，可置换科技实践环节学分。⑤任选课：开设26门任选课，分布在6个模块中，至少选修12学分。

3.“六模块”拓宽学生未来发展方向

“六模块”实现“宽口径”，拓宽学生的未来发展方向，是按照学生的兴趣、爱好、特长、能力以及未来就业方向进行划分，以达到个性化培养的目标。在新版培养方案中，增设了Android、Python、. Net、生物信息、数学建模、数据挖掘等最前沿的实践与理论课程，为学生的就业和科研拓展空间。“六模块”包括：①计算机科学理论。主要针对继续深造读研的学生开设，包括基础理论课和考研课程，注重理论基础，培养计算机及相关领域研究人员。②软件开发技术。主要包括软件开发语言和相关技术，培养各类程序员、软件架构师等。③计算机应用技术。主要面向计算机相关应用学科，培养计算机应用技术开发人员。④计算机网络。主要包括网络相关技术与工程课程，培养网络工程师。⑤数字媒体。主要包括图形图像处理、人机交互、多媒体等领域，培养计算机图形图像处理工程师。⑥计算机系统。主要涵盖计算机硬件相关课程，培养硬件工程师。

4. 创新精神和实践能力培养

为进一步增强人才的创新精神和实践能力培养，实践课程设置采用分层次的实践教学模式，包括基础实验、综合实验、设计创新型实验和实习/实训等多个层次，开设面向基础和面向就业的各类特色实验实践课程，如网络协议分析实验、微机接口实验、局域网与组网工程等硬件实验，数据库应用技术、面向对象程序设计、Java 程序设计等软件实验，以及 Android 软件开发和 . Net 设计与架构等应用开发实验。同时，针对高年级学生，不定期邀请知名企业的工程技术人员来校举办专题实践讲座，如邀请奇虎 360 公司举办网络攻防系列讲座、邀请径点科技公司举办软件测试系列讲座等。

课外培养计划主要包括鼓励学生参与大学生创新创业项目、参加学科竞赛、参与教师科研项目、撰写科技论文、发表专利等，注重学生课外实践能力的培养，积极拓宽实践渠道，建立学生实习实训基地。学生参加科学创新或科技竞赛、获得科研奖励或知识产权、参加企业实训、撰写学术论文等，可以置换为对应学分，学生毕业时科技实践教学环节必须达到 8 学分；如果学生确实没有科技创新环节学分，也可以通过选修专题实践课来提高动手实践能力，获得对应学分，达到毕业要求。

（三）开展教学监管，确保个性化人才培养的有效性

为有力监管课程体系建设和实践能力培养的实施，计算机科学与技术学院教学管理组织由学院教学委员会、教学副院长、专业负责人、学院教学督导组、各课程教学梯队和教务办公室构成。可以从以下角度对各种教学活动实行全覆盖管理和全程监控：①学院教学委员会负责学院教学相关的政策制定工作，对学院教学发展、改革和管理的重大事项进行审议、评议、指导、监督和咨询；②成立“计算机科学与技术学院教学督导组”，督导组由具有丰富教学经验的资深教师组成，督导组对所有任课教师的教学情况进行监督、检查，及时反馈对任课教师的听课意见；③启动“专业负责人制”，聘用专业资深教师，在教学副院长的指导下，负责制（修）订专业设置和人才培养方案、规划专业建设、组织教学实施、指导实践环节、参加教学评价、实施教研与教改；④建立本科教学团队，改变以往由教研室负责本科生课程建设的管理方法，代之以本科教学团队负责本科生课程建设。经过多年的实践、融合，计算机学科的必修课、限选课、独立实践课成立课程教学团队，专业实践课和选修课成立课程教学组，每个课程教学团队/教学组由一名负责人以及 2~10 名年龄结构、学术结构合理的教师组成，在教学计划顺利完成的前提下，保证每位团队成员 3 年内主讲一次。教学团队负责人全面负责课程建设、主讲教师安排、教学改革、教材建设、团队成员培养等一系列工作。本科教学团队/教学组的设置，有助于提高本科教学质量、促进课程建设、推进教学改革、实现优质资源的共享。

学院针对不同的教学组织形式，确定了教学过程质量控制的关键环节，设立了主要质

量监控点，如课堂教学、实验、毕业设计（论文）、考试等，加强经常性的质量检查。除每学期开学第一周的教学检查、期中教学检查、期末考场巡视、毕业设计（论文）的过程检查、抽查以及每学期的试卷复查等常规性检查外，学院领导和督导员随机听课，并通过学生信息反馈表、学生对教师教学评议卡、院长信箱、召开学生座谈会等多种形式及时发现教学过程中的问题，并采取有效的解决措施，为个性化人才培养提供坚实保障。

三、“互联网+”时代下计算机应用型人才培养

我国进入信息化时代以后，计算机已经涉及人们生产生活的各个领域，计算机技术已经成为现代人才需要掌握的基本技能之一。随着“互联网+”时代的到来，社会对计算机人才的需求不断提高，给高校计算机人才培养带来一定的压力。不断改革计算机人才培养模式已经成为必然趋势。

“互联网+”代表着一种全新的产业形态，是指利用现代的网络技术，借助网络平台发挥在社会资源配置中的优化和集成作用，将互联网的创新成果融合到传统的产业中。“互联网+”时代的到来给计算机从业人员带来了更加广阔的创业空间，也对计算机人才提出r更高的要求。社会上计算机产业的发展竞争会越来越激烈，所以对计算机人才的培养要侧重计算机与其他学科之间的技术融合，并利用互联网环境进行推广，为社会做出应有贡献，推动社会经济的稳定发展。

（一）“互联网+”时代下教育改革与创新

21世纪，以信息技术为核心的新技术革命方兴未艾，人类社会以更快的速度向信息时代飞奔。云计算、移动互联、人工智能等技术的突破性进展带来了互联网的广泛应用，促使人们认真研究、深入实施“互联网+”行动计划，包括“互联网+教育”计划。在“互联网+”时代背景下，我国教育面临着重大改革，教学的形态将会发生重大变迁：学生课下听课、课上解疑、形成学习小组对研究课题进行深入研究，完全实现翻转课堂；学生的学习体现出自主性，不受时间与空间限制，学生在教学中占据了主体地位。通过教育改革实现信息技术与教育教学之间深度融合，形成交互式、自适式、个性化的人才培养模式。

（二）“互联网+”时代计算机应用型人才培养措施

1. 明确培养目标

针对计算机专业人才的培养要充分做好社会调查，结合培训机构自身特点，制定出人

才培养目标。所培养的计算机专业人才要具有一定的职业道德，扎实地掌握计算机理论知识，熟练运用应用技能，可以从事计算机应用、计算机维护、网络系统管理等工作，具有科学的世界观、价值观，具备终身学习和适应职业变化的能力。

2. 改革人才培养模式

在“互联网+”时代背景下，计算机人才培养模式改革已经成为必然趋势，高校要根据当地的经济与社会发展对不同层次、不同类型计算机人才的客观需求标准，在正确的教育观念指导下，对人才培养目标进行明确定位，制订培养方案，根据培养目标和培养方案选择培养途径。将计算机人才培养所反映出来的结果反馈给社会，接受社会对计算机人才质量外显特征的评价，了解学校为社会输送的计算机人才是否适应本地区经济、科技、文化以及教育的发展。对人才培养的结果要用正确的教育思想与教育观念进行评价，学校需要对计算机人才的培养目标、培养规格以及培养方案做出及时调整。

3. 加强师资队伍建设

在“互联网+”时代背景下，计算机专业人才的培养首先要建立一支优秀的教师队伍。随着社会的快速发展，教育工作逐渐向信息化方向发展，“互联网+”时代的到来，使得计算机教育体系面临着重大改革，需要运用现代化的教学手段进行教学。所以，要不断提高计算机教师的综合水平，熟练掌握先进的教学手段，不断完善自身的知识素养，改革与创新教学模式，跟上时代发展的步伐，制订完善的教学计划，结合市场的需求，培养高素质应用型计算机人才。

4. 运用网络教学方法

随着科技的不断进步，高校人才培养方式要面向全球化不断更新，计算机专业已经成为高校的基础专业。计算机在社会的发展中运用也比较广泛，现代化的教学方式成了人才培养的主流形式，网络教学在高校中要得到普遍运用。通过互联网平台，教师可以根据学生的学习情况设置学习任务，学生根据任务来分析与探索，提高学生自主学习能力与创新能力，通过多种渠道方式对任务进行解决，实际操作时应有效地将学生所学理论知识与实践更好地结合起来。网络平台的运用，使师生之间、学生之间可以相互探讨沟通，在一定程度上节约了教学资源。

5. 建立实验培训基地

对于计算机专业人才培养，不但要使学生掌握扎实的理论知识，更要注重对学生应用技能的培养。在教学中加强实践教学，建立实验培训基地或与企业签订实习协议，定期组织学生参加实训活动，将课堂所学计算机理论知识真正地运用到实际生活中，通过实践动手操作，真正了解经济社会的发展对计算机人才的需求标准，及时发现自身不足。通过定岗实习，培养学生独立解决问题的能力，增强集体荣誉感，提高沟通与协调能力，不断完善自身综合素质，为毕业生走向社会打下坚实的基础。

6. 加强就业指导

当前社会就业形势非常严峻，尤其计算机这一热门专业，市场竞争非常激烈，所以计算机专业学生大部分面临着就业难问题。在人才培养的过程中，教师要充分做好就业指导工作，做好社会调研，了解经济社会对计算机人才的真正需求，培养学生树立正确的世界观、价值观，加强综合素养提升，使计算机专业学生在竞争激烈的社会中赢得一席之位，为社会做出应有贡献，达到高校人才培养的真正目的。

7. 强化专业特色

面对竞争激烈的当代社会，高校计算机人才培养要结合自身特点，强化专业特色，体现出自身优势，使学生走向社会后能够提升其社会竞争力。目前社会对计算机人才的需求以应用型为主，所以加强学生实践应用能力是管理人员需要解决的重要问题。

8. 完善课程体系

对计算机人才的培养要全面构建以就业为指导、以职业能力为本位的“宽基础、活模块”的课程体系，以“适用、够用、实用”的原则来制定相应的课程标准，设置职业素质、专业基础、专业方向三大类课程，使得计算机应用专业实训课的比例超过65%。对于计算机专业所需掌握的职业技能，制定并且完善课程体系标准，确定学习领域的重点课程，最终落实到专业技能学习与训练的教学单元设计中，建立突出学生能力培养的课程标准，做好学期授课计划、课件、习题等，规范重点课程的教学内容，提高教学质量。

高等院校承担着人才培养的重大责任，所培养的人才要能够适应经济社会的发展。随着互联网时代的到来，对计算机人才的培养以应用型为主，高校要全面推进计算机专业教育的创新改革，对人才培养进行全新定位，加强实践教学，在实践中总结经验，积极探索前进，及时更新教学模式，促进学生全面发展，培养符合社会发展需求的计算机应用型人才。

四、二类本科院校计算机专业人才培养的质量保证

高等本科院校学生的培养质量一直是所有高校非常关注的一个问题。计算机科学与技术专业（以下简称“计算机专业”）作为一个兼具科学性与工程性的专业，有与其他专业不同的特点。计算机专业学生在整个四年本科的学习过程中，既要学习计算机科学理论课程，如数值计算、离散数学、计算理论和程序理论等，又要学习计算机系统课程（包括计算机组成与体系结构、计算机软件等），还要学习计算机应用技术类课程。整个课程体系庞杂，在本科专业毕业总学分存在上限的前提下，一些将自己定义为应用型办学的二类

本科院校，对课程进行了一定的取舍。这样做的好处是既减轻了学生在校期间的课程压力，又实现了面向应用的预期培养目标。但是，对理论课程教学的弱化会直接导致对学生计算机科学素养培养的不足，使学生在专业上进一步发展的潜力变小。因此，如何保证本科计算机专业的培养质量，对于二类本科院校来说是一个严峻的挑战，也是一个开放的研究领域。

（一）计算机专业内涵及培养目标

计算机科学与技术的基本内容涵盖计算机科学理论、计算机组成与体系结构、计算机软件、计算机硬件、计算机网络、计算机应用技术以及人工智能等领域。计算机科学理论涵盖算法分析与设计、离散数学、计算复杂性理论、自动机理论、程序理论等广泛的内容，是整个计算机专业的理论基础；计算机组成与体系结构主要研究计算机硬件的具体实现以及计算机系统的概念结构和属性；计算机软件则指计算机系统中的程序及其文档，包含系统软件、支撑软件及应用软件，软件语言、软件方法学以及软件工程和系统；计算机硬件主要介绍中央处理器、存储器、I/O设备的工作原理与设计、制造及检测技术；计算机网络则主要研究网络体系结构、网络通信协议、网络资源共享机制及网络应用；计算机应用技术研究计算机在计算机图形学、数字图像处理、计算机辅助设计与制造、计算机控制、计算机信息系统以及计算机仿真等领域所涉及的原理、方法和技术，是计算机科学与技术学科的一个重要组成部分；人工智能主要研究智能信息处理理论、人工智能系统的实现。

从上述计算机专业的内涵可以看出，计算机专业无论是从深度还是广度上，对人才的培养都提出了较高要求。如何界定培养目标是决定计算机专业培养质量的一个首要问题。

计算机专业学生应该能够站在系统的高度考虑和解决应用问题，应具有系统层面的认知和设计能力，这也正是计算机专业学生区别于其他就读非计算机专业但从事软件开发学生的优势所在，我们称之为系统思维。南京大学袁春风等指出，系统思维能力即能够对软、硬件功能进行合理划分，能够对系统不同层次进行抽象和封装，能够对系统的整体性能进行分析和调优，能够对系统各层面的错误进行调试和修正，能够根据系统实现机理对用户程序进行准确的性能评估和优化，能够根据不同的应用要求合理构建系统框架等。国内外著名高校都非常重视计算机专业学生系统思维能力的培养，如美国的加州大学伯克利分校及斯坦福大学，它们从教学体系、课程教学及实验教学等各方面保证学生系统思维能力的培养，国内的南京大学也在逐渐开始进行系统思维能力培养的探索。由此可见，系统思维应作为计算机专业的另一个重要培养目标。

（二）构建基于完整知识框架的课程体系

要实现上述的培养目标，必须有一个完整的知识框架。构建基于完整知识框架的课程体系，方能保证学生充分理解计算机科学与技术学科的核心概念以及熟练掌握抽象、理论和设计这三个过程的内涵及相互关系，从而实现计算思维与系统思维兼得的目标。

部分二类高校制定专业培养课程体系时，为了给实践类课程更多的时间分配，将构成知识框架的主干课程弱化甚至删除，这是违背计算机专业本科教学培养理念的。

（三）加大核心课程的教学权重

计算科学（CN）、离散结构（DS）以及算法与复杂性（AL）是与计算思维密切相关的课程簇，而结构与组成（AR）、操作系统（OS）、网络与通信（NC）、并行与分布式计算（PD），以及系统基本原理（SF）则是与系统思维密切相关的课程簇。因此，在保证知识框架完整性的前提下，这些课程必须在教学资源（实验设备、学时等）分配中以及教学管理上给予较大的权重。

国内部分二类高校高度重视应用类课程如“Qt 程序设计”“Java 高级技术”以及“. Net 高级技术”等，从培养学生工程应用能力的角度来说这是无可非议的，但问题的关键是这些高校在对核心课程与非核心课程进行教学资源分配以及教学管理时等同对待，甚至弱化核心课程，把本科教育变成了实质性的职业教育，这显然是违背计算机专业本科教学的培养目标的。我们对三峡大学计算机专业近两年的毕业生进行了网络调查，大部分学生反映他们对基于框架的编程较为熟练，但涉及计算机系统底层编程以及解决系统级问题时均感觉力不从心。这种现象实际是学校对应用类课程重视而对培养系统思维的核心课程忽视所导致的。因此，核心课程的教学权重必须加大。我们提出以下的三种具体途径：

1. 加大核心课程的学时分配比例

加大核心课程的学时比例，会让学生有更多的时间去掌握核心知识体系。但是，这会导致非核心课程如工程应用类课程学时的减少，这个矛盾可以通过去除一些重复性课程的方法来解决。例如，“Qt 程序设计”“Java 高级技术”“. Net 高级技术”这三门课程的本质都是讲授基于已有的框架进行可视化编程，因此，这三门课程只须选择其中一门来开设即可，如“Java 高级技术”。学生学习了“Java 高级技术”，通过举一反三，自然很快能够自学“Qt 程序设计”和“. Net 高级技术”这两门课程的内容。

2. 加大面向核心课程实验室的建设力度

很多二类本科高校在建立计算机实验室时，停留在大量购置台式通用计算机层面上，这固然能够满足容纳很多学生进行应用开发训练的要求，但是，很多课程是需要专门的硬件和软件的。例如，“计算机组成与结构”课程需要专门的与计算机硬件发展前沿紧密结合的硬件实验箱，需要专门的软件，如用 SPEC CPU2006 来进行性能测试实验；“并行与分布式计算”课程需要智能（SAN）、网络附属存储（NAS）等存储系统进行网络存储实验。因此，如果实验室建设仅仅停留在满足学生上机需要的层次，必然会导致学生对专业核心课程理解的弱化。由此可见，应该加大核心课程所需要的专业实验室建设的力度。

3. 加大核心课程的教学管理

教学管理包括教学文件、教学目标、教学过程以及教学成果的管理。要实现人才培养方案所预期的目标，必须加强核心课程的教学管理，其中教学过程是教学管理中的一个关键环节。衡量教学过程应该考虑以下因素：①教学内容是否达到并满足教学大纲要求；②教师是否对该课程在学科知识框架中的地位以及前修、后续课程的关系进行了充分说明；③教师是否提供了足够的参考文献以及其他学习资源（如网址、软件工具等）；④教师是否采用了完善而合理的考核体系；⑤教师是否从学科前沿引导学生；⑥教师是否注重学生科学素养的培养等。很多高校教育督导团检查教学过程停留在常规层次，如教师的上课仪态、作业批改的工整性、是否按时上下课等，而忽略了教学是否达到课程内在要求的检查。例如，很多教师在讲述“计算机组成与结构”课程时，90%的时间在讲授计算机组成部分，仅仅花 10%的时间讲授计算机系统结构知识，以至于学生在学完本门课程之后，对集群、对称多处理（SMP）等一些现代计算机系统的基本概念都不清楚，这显然是不符合要求的。因此，要加大对核心课程教学的实质性管理。

（四）高度重视算法训练

众所周知，算法是计算机软件的核心。部分二类本科院校追求纯粹的技能培养，往往开设为数众多的计算机语言类课程以及开发平台类课程，而不重视对学生的算法训练，这实际上是一种舍本求末的做法，这样培养出来的学生仅仅熟练于语言的语法结构以及基于平台的积木式编程，而缺乏真正的高水平编程能力。目前，很多高校已经认识到算法训练对于计算机专业学生的重要性。一些高校如华中科技大学等开设了专门的 ACM 算法班，北京大学以及杭州电子科技大学均建立了专门的算法训练网站，为学生提供了开放式在线算法训练平台。我们认为，计算机专业学生的算法培养可以从以下三个方面进行：①充分重视“数据结构”“算法分析与设计”等课程的教学；②组织学生参加以算法为主的国际、国内编程大赛，如 ACM 比赛；③将学生在开放式算法平台上进行算法训练所取得的成绩计入学分，以提高学生对算法训练的重视程度。此外，由于数学是算法的基础，必须强调学生对于数学的学习。

二类本科院校对计算机专业学生的培养往往轻理论、重应用，这样就会导致学生计算机科学素养的不足，甚至使本科教育陷入职业教育的误区。上文详细描述了计算机科学与技术学科的内涵，并指出计算思维和系统思维是计算机专业学生的两个重要培养目标，在此基础上，分析了目前一些二类本科院校计算机教育存在的问题并提出了构建基于完整知识框架的课程体系、加大核心课程的教学权重以及高度重视算法训练等三个保证计算机专业学生培养质量的主要途径，希望能为国内二类本科院校的计算机专业培养提供一些思路和视野。目前还有很多二类本科高校对计算机专业的培养被就业率所束缚，片面追求与企业的快速对接，把一些应在毕业后的工作中学习的知识，提前到本科四年中来学习，这会带来许多弊端，关于这个问题的研究是我们未来的工作。

第二节　计算机科学与现代教育人才培养

一、计算机科学与技术专业人才培养中校企合作模式

近些年来，随着信息产业的飞速发展，计算机技术已经融入社会的各行各业。社会对计算机专业工程应用型人才的需求量不断增大，对人才工程能力的要求持续提高。因多方面的主客观因素，高等教育中普遍存在重理论轻实践情况，导致出现了学生工程实践能力不足等问题，使得高校培养的人才与企业需求差距较大，具体表现为计算机专业学生就业竞争力匮乏和IT企业人才招聘难度大之间的矛盾。计算机专业的主要特点之一就是理论与工程实践应用紧密结合。通过校企合作可以在人才培养和用人单位之间建立互通有无的渠道，进一步明确学校的培养目标，帮助用人单位深入了解具体的人才信息。通过建立多层次校企合作综合实践平台，可以确立以用人需求为导向的培养目标，实现计算机类人才创新实践能力培养。下面以福州大学计算机科学与技术专业“卓越计划”人才培养为例，探索多样化的校企合作培养模式。

（一）计算机人才校企合作培养的必要性

校企合作是一种以培养学生的综合素质和就业竞争力为重点，以市场需求为出发点，充分利用高校理论基础扎实和企业工程实践资源丰富的教学环境和资源，将理论教学与工程生产实践有机结合，实现多种因素优化组合，以用人单位需求为导向的教育模式。校企

合作的教育模式，可以实现高校和企业教育资源的优化配置，提升高等教育的质量和人才培养的质量，增强高校毕业生工程视野、工程意识、工程素质、工程实践能力、工程设计能力、工程创新能力和社会适应能力，提高学生的组织、沟通与团队协作能力。

（二）校企合作人才培养的具体形式

为响应卓越工程师教育培养计划，福州大学计算机科学与技术专业开设了“卓越计划”试点班，在原专业培养方案的基础上降低了专业必修课、专业选修课和实践选修课的学分，并用这些学分来支撑“卓越计划”学生完成校企合作相关课程。该专业“卓越计划”学生采取“3+1”校企联合培养模式，即学生前三年在校内完成基础理论、专门技术及基础技能的学习，第四年进入企业实践基地学习。通过校企合作课程的开设，将学生送入企业实习，进一步提升了学生对未来工作岗位的认识，更加明确企业对具体人才的需求，增强学校对人才需求导向的认识。

在计算机科学与技术“卓越计划”人才培养方案中增加了综合设计型实践课、前沿技术讲座、基本技能培训课程、编程能力测试和企业实践等内容。

1. 综合设计型实践课

在大学二年级开设“IEEE Micromouse 原理与实践”系列课程，由企业一线工程师主讲，内容涉及电路和嵌入式技术基础理论、单片机硬件开发平台和实践操作。从实践的角度出发，使学生了解更多电路等基础理论在实际电路中的应用，利用 AVR 单片机的实际产品，使学生熟悉硬件模块的电路设计、电路焊接、电路调试等，熟练掌握各种开发工具，重点培养学生的实践应用能力。

2. 前沿技术讲座

在大学三年级下学期开设“企业讲座”课程，聘请企业资深工程师开设讲座课程，介绍企业文化、行业背景、行业发展状况、新技术应用领域、企业运作模式等内容。通过企业讲座让学生提前了解今后的工作内容和工作环境，以及社会对 IT 行业的需求。具体讲座内容包括软件项目管理、企业文化与主流产品、云计算技术与数据库优化、互联网架构的概念与实践、数据库热点技术、互联网下的金融业 IT 变单、区块链在金融行业的机遇与挑战、移动通信与办公安全解决方案、安全大数据分析技术等。

3. 基本技能培训课程与编程能力测试

为进一步提高学生实际动手能力，在进入企业基地实践之前联合企业开设技能培训课程，提高学生的项目开发能力，为学生到企业实地实践工作做前期准备。主要培训内容包括当前热门开发平台应用的基本技能和习作项目的开发与实现。组织学生参加计算机程序设计能力考试和中国计算机协会（CCF）计算机软件能力认证，重点考查学生实际编程能力，客观评判学生的算法设计与程序设计实现能力，为学生企业实践的岗位分配合理性提供一定的依据。

4. 企业实践

在大学四年级上学期学生进入企业实践环节，需要在企业完成四个月的实习工作。企业实践基地为学生提供模拟工程实践或者实际工程开发项目作为实习任务。经过四个月企业实践之后，根据学生和企业实践基地的双方意愿，学生可继续留在企业实践基地完成大学四年级下学期的毕业实习和毕业设计，企业实践基地也可以与毕业学生直接签订就业合同。

5. 实践基地建设与实践岗位分配

高校科研与多家省内外知名企业建立合作关系，并共同建立校外实践基地。由校企合作实践基地提供实习岗位，并对企业实习岗位进行介绍。学生根据自身兴趣和编程能力选择合适的岗位。所涉及的岗位主要包括各类平台上的软硬件产品开发、系统运行维护、产品测试、技术支持等。

6. 企业实践师资安排

企业为每名学生指定一名具有工程师及以上职称的研发人员作为其校外导师，为学生分配和分解实习任务，并提供实践技术指导。由毕业设计导师担任学生企业实践的校内导师，指导学生制订实践计划，明确实习任务，审核实习工作量，为学生提供理论基础指导。并为每个合作单位指定一位教师作为校企联络班主任，了解学生在企业的工作学习现状、学生实习任务安排与完成情况，在校企之间建立沟通桥梁，及时就实习现场情况反馈到校内，以此推进学生的预就业。

7. 考核方法

学生企业实践考核成绩主要由实习单位评价、校内导师评价、考核小组评价三个方面组成。企业导师和人事管理部门根据学生实习实践期间的出勤情况，完成工作内容、工作能力、沟通能力、工作主动性和积极性等方面对学生进行评价。校内导师主要根据学生提交的实习文档，如实习计划书、实习周报和实习报告对学生的工作情况进行评价。实习结束后，由学校组织3~5名教师成立实践考核小组，对每名学生进行企业实践答辩考核，并给出评价，企业实践考核合格者方可获得该课程学分。成绩不合格的学生需要重修企业实践课程，否则不能进入毕业设计环节。

8. 企业实践时间安排

大学三年级下学期，3—5月份学生参加基本技能训练课程和编程能力测试；6月，由企业实践基地发布本年度的实习岗位及数量、企业导师等信息，学生根据意愿填报实习志愿，学校根据学生的志愿、综合成绩、技能培训课程成绩和能力测试成绩，为学生分配实习岗位和校外导师，实行一人一岗；7-9月学生进入企业实践基地开始实习，并提交实习计划；12月底进入企业实践考核。

二、科研创新和工程实践计算机专业复合型人才培养模式

随着“互联网+”时代的来临，以技术创新为主导的研发型IT公司、企业对计算机人才综合能力需求不断提高，要求毕业生既具备扎实的专业理论基础和较强的工程实践能力，又要具备一定的创新意识和能力。目前，以培养技能型应用人才为目标的地方高校办学定位已经不能满足地方社会经济发展的需要。因此，我们依托学校高水平科研平台，在教学体系中引入教师科研项目与成果，构建面向工程需求的课程体系，融入现代工程的意识，对培养具有科研创新和工程实践能力的复合型计算机专业技术人才具有非常重要的现实意义。

（一）人才培养模式存在的问题

随着时代的发展，那些照搬或改良“研究型”高校的计算机专业人才培养模式的局限性日益凸显，概括起来人才培养现状主要存在以下三个方面的问题。

1. 办学定位模糊，人才培养模式单一

随着国家经济的转型升级和产业结构的调整，“大众创新，万众创业”已成社会的共识，建设创新型国家需要大批的创新型人才，社会对高校的人才培养提出了更高的要求。虽然一些地方高校也尝试培养创新型应用人才，但由于办学定位模糊、办学思路不清晰，仅仅是简单照搬或沿袭其他“研究型”学校的课程体系和教学方法、手段，没有自己的特色办学模式，导致人才培养单一化、同质化。

2. 现有专业实验教学体系常常忽略工程实践能力培养的环节，学生缺少工程实践的机会和平台

尽管多数学校已意识到工程实践的重要性，但对于计算机专业的工程实践概念及范畴依然模糊，常常将工程实践和技能实践混为一谈。因此，除了综合设计性实验环节有少量内容涉及工程实践能力的培养，我们通常很少能在实验教学体系中看到组织沟通、团队协作以及产品营销等相关能力培养的环节。

3. 现有教学保障不利于学生创新能力的培养

工科学生创新能力的培养是一项复杂的系统工程，对课程体系、实践实训平台和师资

队伍都提出了比较高的要求。不少地方高校除了不合理的课程体系设置，由于经费短缺，专业实验室和有特色的实训基地不足，学生无法进行充分的实验、实践和实训，更谈不上创新能力和工程实践能力的培养。最为严峻的是，既懂理论创新又具备工程技能的“双师型”专业教师尤为缺乏，从而不能有效地引导学生开展工程领域的创新研究。

（二）科研创新和工程实践复合型人才的培养理念与模式

在新形势下地方高校如何循序渐进地培养计算机专业学生工程实践和创新研究能力，优化专业人才培养模式，广西民族大学从理论教学创新、实践教学创新及创新实践平台建设这三个方面进行了一系列改革。

构建面向工程需求的课程体系，实现理论教学创新。显然，教学质量是高校办学发展的立足之本，也是关乎专业人才培养的最为关键的问题。为培养具备创新思维和工程实践能力的高素质专业技术人才，我们需要从课程教学体系建设、科研与教学有机结合两方面考虑。

为满足社会实际工程的不同需求，按照专业基础、工程应用、工程实践和创新，建立多层次的理论课程教学体系。在整个课程体系中，数据结构与算法、程序设计这类专业基础课程属于课程体系的最底层，是计算机专业学生掌握计算机应用技术的理论基础，为后期应用工程实践技术做好技术和理论储备。根据学校计算机相关专业，我们将工程应用类课程细分为三类：软件工程应用（以“软件工程”“软件测试”“人工智能”等课程为主）、硬件工程应用（以“嵌入式系统”“物联网”等课程为主）和网络工程应用（以“计算机网络”“网络安全技术”“网络管理技术”等课程为主）系列课程。工程实践类课程的目标是让学生成为一名合格乃至卓越的工程师，具备将所学专业基本理论、知识和基本技能转化为设计方案或设计图纸的专业能力或者具备将设计方案与图纸转化为产品的能力。例如，在实践课中引入 CDIO 工程教育理念，即这类课程就是打破先导课程界限，学生通过对产品的构思、设计、实现及测试包括产品市场运行的全过程体验，学习工程的理论、技术与经验，充分将知识融会贯通；我们还可根据业界最新技术发展趋势，在内容上每年都进行更新和扩充，如将大数据、云计算技术运用到课程教学与实践中。

提高教学质量的重要途径和必要手段之一是理论教学创新，而科研是高校创新教学的源头，也是保证创新型应用人才培养的关键。教师在科研活动中，拓宽了自身理论知识的宽度和深度，使得教师具有了把复杂、枯燥、抽象的理论知识转化为简单、生动、具体教学案例的可能性。通过鼓励教师充分利用自己的科研优势，将自己的科研思想、方法和成果引入课堂教学，将科研活动与教学过程有机地结合起来，实现“科研促进教学”的理念。为此，广西民族大学鼓励和引导专业教师结合学科的主干课程开展相关课题的科学研究，积极将最新科研成果转化为课堂内容，强化案例和引导式教学，培养学生学习的兴趣，从而使学生掌握相关知识点。例如，我们在讲解信息安全协议时，适当引入形式化方法、符号计算相关的概念和技术，引导学生了解目前信息安全学科的前沿和发展趋势，使部分学有余力的学生进行更深入的理论学习。

教师科研引入实验教学，实现实践教学创新。实验教学是培养学生创新和工程能力的重要手段。目前，实验教学内容多数集中于基础性验证型实验，无法有效培养学生解决实际问题的创新思维和实践能力。将本学科产生的新思想、新理论、新方法、新应用以及教师的科研项目和成果引入实验教学，充实实验教学内容，不断提高实验教学水平，是高校高等教育教学改革的一条新途径。

为衔接理论课程体系，我们重点构建计算机类专业 3 类课程、4 种技能训练、7 种能力培养层面有机整合的“3×4×7”实验教学体系。同时在整个体系中，最底层的课程由 9 门基础实验课程构成，包括计算机组成原理实验、汇编语言实验。电路原理实验、数据结构课程实验、操作系统课程实验、数据库技术实验、计算机网络课程实验、面向对象程序设计实验、信息系统课程设计实验，以上实验课程重在培养学生掌握本专业的基本理论、基本操作技能和具备较强的编程能力、解决实际问题的计算机应用能力。第二层次的课程是提高性质的实验课程，根据学校软件工程、网络工程和计算机科学与技术 3 个专业的培养目标差异，由 3 门创新性综合实验课程构成，实验内容分别侧重软件设计、网络技术和硬件技术方向，注重培养提高学生的综合应用、科研创新能力。最高层次的课程是 1 门 IT 产业实践应用课程，通过到实训基地实习参与实训项目，培养学生在实际产品研发中的工程实践能力、团队合作能力和创业能力。为满足学校不同专业、不同层次的人才培养要求，我们除了构建 3 类不同层次、不同开放模式的开放实验平台之外，还依托学校计算机类专业的学科优势、科研项目和高水平的科研平台，着重加强包括基础技能训练、综合应用技能训练、工程实践能力训练和创新研究技能训练 4 种层面的技能训练，从而实现将教师的科研成果有机融入立体化的“3×4×7”实验教学体系的教学目标。

科研成果进课堂是一种有益的尝试。如何把握好尺度，不让科研成果背后过于抽象的理论泯灭学生的好奇心，以适当方式融入课堂实践教学，并形成可持续的实践创新是实现教学、科研、人才培养和谐发展的关键。在实际教学中，我们鼓励教师结合当前的专业课程，并根据本科学生的潜质和掌握专业知识的程度，从教师的科研项目中选择适合学生进行实践创新的实验项目，按照不同类型实验（设计性实验、综合性实验和创新性实验）的要求，有机地将研究成果融入实验教学中。例如，把教师科研课题中的软件需求分析、功能设计、模块设计、算法设计、数据库设计、代码实现及系统测试等分解成对应实验项目的实验目标、系统功能、实验指标、算法步骤或流程、数据 E-R 图、代码清单、实验结果等实验流程和要求；在上述实验项目的基础上，我们还可以考虑从科研项目中提炼出创新性实验，如只给出实验目标和要求，具体的实验内容、实验步骤及实验方案均由学生自由发挥。

科研项目进驻创业基地，实现创业平台创新。近年来，学校高度重视学生的实践技能、创新能力和创业精神的培养。通过构建“学生创业工作室一学院创业实践中心一学校创业实践基地”三级创业实践平台，为学生创新创业团队提供一定的资金资助、实验设备及场地支持，鼓励学生进入实训基地体验 IT 产业的各个环节，建立健全创业双导师——校内专业导师和校外实践导师，提升学生的创新创业能力，促进科研成果的转化。

三、计算机应用型人才培养翻转课堂教学模式研究

目前的翻转课堂更多地依赖于 MOOC 平台。新兴的 MOOC 平台教学模式相对单一，平台功能简单，不能支持教师采用适合自身课程目标和内容的教学模式、课程的复用和共享，同一教师任不同课程或者多个教师任同一门课程等多种需求；课堂教学基本延续了传统课程结构与教学流程，活动设计对学生探究学习、个性化学习和协作学习重视不足。有必要进一步理解、把握并发展翻转课堂教学模式，灵活运用恰当的教学方法、教学手段与教学组织方式，改革传统计算机课程教学模式。基于现代教育教学理念，创作、收集、整理、改造优秀教学资源和学习资源，研究、构建与翻转课堂教学模式相适应，能有效互动交流和协作学习的网络教学与学习互动平台，能为计算机应用型人才培养的翻转课堂教学模式的实施提供有力支撑和保障。

近年来，在大学生毕业之际，出现了大学毕业生找不到合适工作、“就业难”，用人单位却招不到合适的人才、出现“用工荒”的现象。多数学者认为，这种“就业鸿沟”的出现，真正的原因是高校人才培养目标与企业需求之间出现脱节，培养的大学毕业生不能适应社会的真正需求。

为适应社会需求，“应用型人才”应运而生。应用型人才，既不同于理论基础宽厚的学术（研究）型人才，也不同于职业技能型（工程）人才，它是介于学术型人才和技能型人才之间的一种复合型人才。如何在现代教育理念支持下，借助现代信息化手段，提升计算机专业学生的就业能力，培养主动适应社会的应用型人才是广大计算机教育工作者关注的课题。下面就如何基于翻转课堂教学模式培养计算机应用型人才、提升学生的就业能力展开初步研究与探讨。

（一）计算机应用型人才与就业能力不足问题分析

计算机应用型人才是指能够适应信息化社会需求，根据所掌握的计算机知识，满足人类活动需求和解决出现的问题，能够直接产生社会效益的专业人才。计算机课程的学习普遍以实践为基础，需要在实践中不断强化和加强理解，并应用于实践满足需求和解决问题。因此，计算机专业应用型人才除了应该具备较强的实践能力、创业精神、职业技能，以及适应职业变化的能力、团队合作与组织管理能力、一定的人文素养与科学素质；同时为更快地适应社会，还应该具备自主学习的能力、善于实践的能力和协作精神，要学会生存生活，学会做人做事，主动适应社会。

我们认为，当前造成计算机专业毕业生“就业难”现象，没有实现计算机应用型人才培养目标的主要因素包括如下六个方面：第一，专业定位与社会发展脱节，在人才培养过程中，面向社会需求的计算机应用能力不足。第二，对必备的、走向职场的基础知识（如微积分、线性代数、英语、计算机硬件与网络知识等）认识不足，急功近利，知识面狭窄，广度不够。第三，教学模式未能与现代教育教学理念、计算机科学与应用的发展同步前进，教学实施过程没能与时俱进；学生互动交流少，自主学习能力和协作能力、动手操作能力培养不足，创新能力与创新意识缺乏，不能充分发挥学生的个性化学习优势。第四，实践综合能力培养不足，实习、实践环节缺乏，实践环境、教学氛围与平台构建不能很好地适应实践性教学的需求。大多数院校以课程设计、毕业设计作为实习实践的环节，这些实践环节存在着学科片面性，与实际应用脱钩，缺乏系统、全面、充分的实习实践等不足，使得学生实际工作能力得不到发展，自我定位不准，对企业和社会了解得不够，没有发展目标，难以接受并融入企业文化。第五，教学一线的教师多属于理论型教师，缺少实践应用经验和工程实践能力，无法在应用上给学生提供更好的职业性指导。第六，学生自我评价过高，不能正确、全面地认识和评价自己，以至于不清楚自己的未来走向，从而无法形成适应快速变化的就业环境的能力和竞争性的就业能力。

（二）翻转课堂教学模式与计算机应用型人才培养

1. 基于 MOOC 平台的翻转课堂教学模式

翻转课堂出现在 2007 年前后，最初起源于美国的一所高中，是该校的两位化学教师亚伦·萨姆斯和乔纳森·伯格曼为了解决由于各种原因导致部分学生不能到课堂听课的问题而开发的一种授课形式。① 他们利用录屏软件将授课过程录制下来，然后将录制的视频上传到网络上让学生在家里看视频、听讲解，腾出时间让学生在课堂上完成作业或实验，并对其遇到的问题进行分析、处理。这种教学过程与传统的“课堂听教师讲解，课后做作业”的教学过程不同，可以说颠覆了传统的教学模式，并且最终收到了很好的效果。

这种全新的教学模式首先在美国科罗拉多州的部分地区逐渐流行，而它的发展则缘于“可汗学院”的出现。“可汗学院”免费的优质教学视频为有效实施翻转课堂提供了条件，使得翻转课堂逐步进入全球教育工作者的视野。在翻转课堂教学模式逐步普及的过程中，各国的教育工作者也根据本国的实际情况对其内涵和实施过程进行了拓展、延伸与发展。尤其是近年来慕课（MOOC）的兴起，使得早期单一的在家里看教学视频的课堂教学模式在教学内容、教学设计、教学组织与方式上已经发生了很大变化。基于慕课的翻转课堂教学模式特别强调参与互动交流与及时反馈和倡导建立在线学习社区，同时积极鼓励、倡导学习者参与慕课创作过程，十分有利于发展学生的深层次认知能力和有效支持教师与学生之间、学生与学生之间的交流与互动，从而有效地解决了传统课堂中交互、交流不够的问题，充分发挥了学生在学习过程中的主观能动性，容易形成个性化的学习模式。这样的教学模式，很适合计算机相关课程教学与学习活动的展开。

2. 实施计算机课程翻转课堂教学模式的意义

计算机专业应用型人才培养翻转课堂教学模式是指重新调整课堂内外的时间，将学习的决定权从教师转移给学生。在这种教学模式下，课堂内学生应更专注于主动的基于项目的学习，共同研究解决本地化或全球化的挑战以及其他现实世界面临的问题，从而获得更深层次的理解。教师不再占用课堂的时间来讲授，从而能有更多的时间与每个人交流。课后，学生自主规划学习内容、节奏、风格和呈现知识的方式，教师则采用讲授法和协作法来满足学生的需要和促成他们的个性化学习，其目标是让学生通过实践获得更真实的学习体验，使得学生的学习更加灵活、主动，让学生的参与度更强，从而获得与专业应用密切结合的、能适应社会需求的实践应用能力，为实现计算机专业应用型人才培养提供有效支撑。

根据翻转课堂教学模式的内涵，在计算机专业应用型人才培养中实施翻转课堂教学模式具有如下优势：第一，计算机翻转课堂教学模式突破了传统课堂的时空限制，解决了一些高校学生由于事务繁多不能及时接受课堂教育，或者由于课堂节奏过快不能及时领悟教学内容的问题，对学生全面、深入理解课程内容，自我管理、自我组织能力的培养，独立

---

① 乔纳森·伯格曼，丹尼尔·琼斯. 翻转课堂与项目式学习［M］. 韩成财，译. 北京：中国青年出版社，2022.

思考习惯的形成和学习意志力、创新思维的提升具有重要意义。第二，借助网络平台可以搭建与课程相适应的实验交互平台，模拟真实的实践环境，有效加深学生对理论知识的理解和及时的实践检验，促进实践能力、语言表达能力、团队合作能力以及职业技能的提升。第三，基于 MOOC 的翻转课堂构造的学习社区和丰富、广泛的优质教学资源，加强了教师、学生、教学内容和教学、学习资源之间的相互作用、相互联系，重构了教学活动形式，拓展了学生的知识结构，有利于学生人文素养和科学知识的提升。第四，根据翻转课堂教学模式的初衷，可以看到其教学过程能够很好地做到因材施教与分层次教学，学生能充分发挥其在学习过程中的主观能动性，从而实现以学生为主体的个性化学习过程。

3. 计算机专业翻转课堂教学模式实施研究

互联网的普及和计算机技术在教育领域的应用，使翻转课堂教学模式变得可行和现实。此外，与计算机专业相关的课程一般都具有很强的实用性，教师和学生都具有较好的计算机基础，借助计算机进行教学和学习轻车熟路，而且网络上关于计算机课程教学和学习的免费资源非常丰富，不仅涵盖范围广，而且更新及时，都为计算机课程翻转课堂教学模式的有效实施提供了保障。

针对翻转课堂教学模式与计算机应用型人才培养的需求，我们认为要实施计算机专业翻转课堂教学模式，首先，应该指导学生有针对性地观看视频讲座、浏览播客、阅读电子书，在网络上学习并与别的学友进行有效讨论，学会高效查阅、获得与课堂及课程学习密切相关的学习材料；其次，体验课堂中讨论与布置的、网络上获取或交流得到的，甚至具有实际应用需求和背景的课程项目和实践内容；最后，构建与课程紧密结合的、内容具有针对性的，并能进行有效互动的教学与学习平台，这样才能真正发挥翻转课堂教学模式的效能，达到预期的应用型人才培养目标。

在此基础上，首先，施教者应该加强研究翻转课堂教学模式的内涵和计算机课程教学过程中的有效实施方案，深入把握翻转课堂的特点和实质，理清翻转课堂中各组成要素之间的关系；进一步深入研究与分析计算机课程教学与学习特点，把握计算机课程实践性很强的特点；研究学生的学习规律和心理特征，探索切实可行的适合培养学生应用实践能力、适应社会的就业能力的翻转课堂教学模式。其次，挖掘、优化计算机课程实践性教学内容模块，构建适合翻转课堂研讨和实践应用的教学与学习案例。针对不同的计算机课程，尤其是一些经典性的、与学生就业密切相关的课程，如“计算机应用基础”“程序设计”“计算机网络”“平面设计”“动画制作”“数据库”等课程，进一步深化课程教学内容；遴选、挖掘、优化和改写各个课程的关键性教学内容和实践性教学模块，研究选择合适的教学方式；创建满足翻转课堂教学模式需求的教学微视频和辅助学习视频，并收集、整理课程拓展性学习的其他视频与网络教学资源；研究并构建具有应用背景和提升学习兴趣及应用实践能力的教学与学习案例与项目，切实提高学生的自主学习能力、上机操作能力、分工协作能力与应用实践能力。最后，针对 MOOC 平台对支撑实施翻转课堂教学模式的不足，研究、探索构建与翻转课堂教学模式相适应的网络教学与学习互动、协作平台，并针对计算机课程实践性强的特征，课堂和自主学习实践环境不能满足需求的状况，探索如何构建适合计算机课程，方便、快捷，并能有效互动交流和协作学习的网络实践性教学环境，研究、探索、实践与社会、企业需求密切关联的实践教学新模式。

第三节　计算机科学与现代教育创新人才培养

一、基于 CDIO 工程教育的计算机科学与技术专业应用技术型人才培养

（一）基于 CDIO 理念的工程教育培养模式

1. 课程体系

根据区域经济发展对计算机人才的需求，计算机专业发展是软硬兼顾，以向软件应用方向发展为主。结合 CDIO 的工程理念，以计算机专业核心课程为框架，以应用技术能力培养为主线，从就业的岗位职位分析，构建适应以 . Net 和 Java 为应用技术的课程体系。

该课程体系是以 CDIO 工程项目设计为导向、以工程能力培养为目标的工程教育模式，通过项目设计将整个课程体系有机而系统地结合起来，其特点是，所有需要学习和掌握的内容都围绕项目设计这个核心，形成一个有机的整体。通过项目的教学方式，可以引导学生对专业课程产生浓厚的学习兴趣，从而达到能力培养、综合发展的目的。为了适应 CDIO 的培养模式，把本科 4 年按 3+1 教学方式安排，即 3 年理论教学时间，最后 1 年集中实践；把每个学年分为 3 学期制，每年的第 3 学期集中进行小型的项目设计；采用导师制，第 1 学年的第 2 学期末，由学生自由选择导师，导师指导学业和参与导师组织的课题；建设创新实验室，为学生搭建以团队合作进行项目设计的课外平台。

2. 教学模式

基于 CDIO 的计算机专业教学模式的项目，按规模和范围划分为三级：一级项目为计算机专业核心能力要求的项目；二级项目为包含一组与核心课程群、能力要求相关的项

目；三级项目是为单门课程而设的项目（以项目的方式做课程设计），旨在增强理解和培养相关能力。

（1）一级项目要求完整地、前后衔接地贯穿于整个教学阶段，使学生得到构思、设计、实现、运行的系统训练，对应于计算机科学与技术的应用开发来说，就是需求分析、设计（概要设计与详细设计）、实现、测试与维护。4 年本科教学中安排有两个一级项目训练。

第一个一级项目从第 1 学年的第 2 学期结束时由教师与学生双向选择，教师公布研究方向或应用特长，学生根据自己爱好主动参与，选择指导教师并进入指导教师课题，一直到第 4 学年的第二个一级项目开始而结束。第一个一级项目通过指导教师的指导，将学生逐步引入应用开发领域，提高教师课题的参与度，逐步深入和提高应用开发的规模和水平。通过有针对性的重点指导，使学生了解应用项目的各阶段和各自的内容与关系，为后续课程的学习打下基础，建立起工程项目或软件工程的初步概念。

第二个一级项目是软件综合应用开发+毕业设计。软件综合应用开发由企业工程师指导，建立企业软件开发的工作环境和软件开发环境，用真实项目进行训练。经过相关课程与项目的训练，要求学生利用所学知识，对一个产品软件应用开发完整地展开构思、设计、实现、运用（需求分析、软件设计、编码实现、测试维护），系统地完成一个工程实践经历。学生在毕业设计阶段进入企业，参与企业的真实课题。第二个一级项目的目的是让学生从解决工程问题的角度学习专业知识，进而形成对计算机科学与技术工程的兴趣，并初步掌握工程思维方法，在开发设计的合作中培养团队协作意识、职业意识、责任意识。

（2）二级项目以相关核心课程群和相关能力要求为基础。作为一级项目的支撑，二级项目既是对相关课程群的综合，也是对整个教学体系的补充，主要培养学生综合应用相关知识的能力。课程体系中安排四次二级项目：以基础语言课程群为基础的学生成绩管理系统设计、以网络与数据库应用课程群为基础的 C/S 系统设计、以软件工程与 Web 开发应用为基础的 B/S 系统设计、以操作系统与计算机组成与体系结构为基础的计算机技术设计，这四次二级项目旨在加强学生对该专业核心课程的学习与应用。

（3）三级项目是单门课程根据课程教学自身需要设立小规模实践项目，也可以成为以项目要求的课程设计，旨在加深和强化学生对课程内容的理解与应用。

整个培养计划是以一级项目为主线，以二级项目为支撑，以三级项目与核心课程为基础，将核心课程教育与对专业的整体认识统一起来，并结合项目训练对学生的自我更新知识能力、人际和团体交流能力以及对中型应用开发的掌握、运行和调控能力进行整体培养。

（二）基于 CDIO 的专业培养计划

基于 CDIO 的理念，结合长江大学工程技术学院对学生定位的培养“一线工程师”或称为“现场工程师”的要求，在培养计划的公共基础课程设置上，要求包括工程师职业道德在内的通识课程，加强职业规划课程，加入计算机科学与技术应用开发的导引课程；以计算机科学与技术核心课程为基础，选择偏向软件应用的重要课程，按照 CDIO 以项目为导向的原则，对这个课程体系的每门课程都按照 CDIO 来设计实践环行；除了在课堂上、实践教学环节中要求始终培养诚信、责任、团队意识外，在第二课堂各种活动和学科竞赛中倡导培养学生的个人能力、团队能力、系统调控能力，通过多渠道、多方式反复训练和强化，逐步提高学生的素质。

在教学方法上，采取项目驱动的教学方法，要求教师预先明确所授课程在该专业知识结构中的地位和作用，以及学生学习该课程应该掌握的基本知识和能力，特别强调相关知识和能力在实践中的有机联系。开课初期发布项目内容，在授课的过程中从实际或已有知识中发现和提出问题，引导学生思考，并把学习知识与项目的实施内容结合起来，边学边练；在项目实施过程中提高兴趣，在学习中深化项目，学中用、用中学，引导学生主动学习，促进学生发现问题、分析问题和解决问题能力的养成。

强调学习效果考核的多样性，强调学习的过程化，要求实践性强的课程过程化考核比例占 60%以上。通过学习记录、总结、项目报告、设计评估、自评、互评、论文、课堂交流、合作成效等方式考核，对理论知识的考核采取笔试、一页开卷等形式，改变对学生学习的简单考核和评价。在学习构架上，建立教学计划、教学方法和考核方法之间的互相支持、良性互动的构架。

（三）基于 CDIO 的实施过程

1. 以教学研究推动教学改革

将 CDIO 工程教育模式引入专业建设之中，指导专业建设，改革人才培养方案；改革培养模式，把工程的基础知识、个人能力、团队能力和工程系统能力方面的培养融合到教学的过程之中；改革教学方法，让学生以主动的、实践的、课程之间有机联系的方式学习；加强教师培养，以建设一支结构合理的“双师型”教师队伍为目标；以实训基地建设为突破口，建立并完善实训体制，突出学生的专业核心技能培养；以校企合作为途径，深化与企业的战略合作，利用双方资源，建立联合人才培养的新模式，共同开展专业建设。专业教师围绕省级课题，申报成功多个课题和课程建设项目。

2. 师资队伍建设

师资队伍素质、能力和水平是改革成败的关键因素。依靠该学院的政策支持，走“专兼结合、以专为主”之路，通过引进紧缺教师，改善教师队伍结构，从企业、社会引进一批既有理论修养，又有实干技能的“双师型”计算机教师。采取“请进来、走出去”的方法，在本地企业聘请有丰富实践经验的专家或专业技术人员作为兼职教师。挖掘内部潜力，培养教师能力：第一，选派中青年教师定期到IT企业挂职锻炼，积累实践经验，自觉做到理论与实践结合；第二，安排青年教师赴科研、企业单位进行专业实习实践，直接接触工程实际，掌握该专业全面技术；第三，加强院内科研与实践教学环节，提高教师专业实践的技能。

3. 实践实训基地建设

构建融校内校外为一体的实践实训基地，学院与荆州国家级经济开发区共同建设省级实训实习基地，在基地中与以信息技术为主的企业联合建立实习基地，共同培养学生。

基于CDIO的教学模式的改革是需要长期坚持的工作，需要付出艰苦的努力，最重要的任务是学校教师的观念转变，教师的工程意识、职业素质和工程能力的提高，学校的各职能部门的配合和支持。

二、以实践创新能力培养为主的计算机专业人才多元化培养体系

实践创新能力是计算机专业人才的核心竞争力，为了适应计算机技术的迅速发展和企业对计算机人才的高要求，各大高校在计算机人才培养上面临着一系列的挑战。

（一）计算机专业人才多元化培养体系的构建

计算机专业人才五元要素的培养体系是指以培养计算机应用型人才为目标，以培养学生的实践能力、创新能力和自主学习能力为核心，依托多元支撑平台，通过课程主导、项目驱动、协同培养等方式进行具体的实践。该五元要素的培养目标符合地方高校计算机专业的实际情况，从人才培养过程中的课程教学改革、实践平台建设、实践环节改革、校企协同育人等多个环节进行具体的改革与实践。

（二）培养体系中五元要素的内涵与改革实践

1.“能力优先”是指一切以培养学生的实践能力和创新能力为根本目标，坚持以学生为本、因材施教、分类培养的原则，注重知识、能力、素质的全面协调发展，强调通识教育与

专业教育、理论教学与实践教学、知识能力与素质培养的有机结合。

通过课程中的教学改革以及参与各种科技项目实施过程等环节来培养学生的自主学习能力，如在SPOC教学改革实施过程中，有相当一部分的课程内容需要学生在课外自主学习完成，在这个过程中，学生的自主学习能力得到了很大的提高。

通过项目驱动、校企协同等手段来培养学生的实践和创新能力，特别是学生自主申请的大学生创新创业项目以及参加的学科竞赛，直接有效地推动了创新精神和创业能力的培养。

2. “课程主导”强调课程建设与改革的重要性，旨在通过积极推进教学模式、教学方法、教学内容的改革来提升教学效果和质量，是在“能力优先”主导思想下的具体实践改革措施和过程。

在课程教学模式改革中，可以采用“二合一分”即“与专业结合、与内容结合、划分层次”的课程群建设与研究方法，通过对核心专业课程进行梳理和规划，从课程群的课程选取、课程内容安排与衔接、教学方法与模式改革等方面进行研究和探索，建立了层次分明、知识体系完整又互相独立的四个课程群：数据库技术课程群，包括“数据库原理”“大数据处理”“Oracle 数据库”“SQL Serve 数据库及支持网络数据库”等课程；计算机软件课程群，包括“算法设计与分析”“操作系统”“编译原理”“软件工程”等课程；计算机网络课程群，包括“网络原理”“网络工程与设计”“网络安全”“网络协议”等可视化编程语言等课程；嵌入式课程群，包括“电子技术基础”“数字逻辑”“计算机组成原理”“通信原理”“嵌入式系统设计与开发”“嵌入式软件设计和测试”等课程。全方位涵盖了软件、硬件、网络、数据库等知识范围，并且根据专业特色和各专业开设课程的差异，研究了不同专业中课程群设置的区别和方式，在课程群内部采用层次结构。课程群的建设思路与成果大大提高了课程整体的教学效果，增加了课程之间教学中的连贯性与一致性。

在教学方式上融合了目前较前沿的MOOC、SPOC、翻转课堂、对分课堂、混合学习等模式，通过充分理解各种教学的不同内涵与内在联系，将其应用于不同类型的课程与实践环节之中，并通过对比不同教学模式之间的差异与优势，实现教学模式混合应用的教学模式改革与案例研究。

3. “多元支撑”是指为了实现人才培养目标的教学条件建设所建立的多元支撑平台，包括创新实验室、师生科研群平台、校企合作实习基地、校外就业实习基地等。

4. “项目驱动”以提高大学生的科技创新精神和创业能力为主要目标，引导学生自主走上科技创新之路。学科竞赛体系包含“软件设计类、网络设计类、创新综合类”等覆盖计算机各个不同专业和方向的学科竞赛项目。其中，软件设计类以培养学生逻辑思维与应用编程能力素养为目的；网络设计类竞赛以培养学生在网络交换路由及网络安全方面的能力素养为目的，强化学生实践和应用能力；创新综合类竞赛以培养学生软硬件综合与创新能力为目的，拓展学生综合素质和创新能力。

5.“协同培养”是指在与企业合作中进行教学模式探索，采用“二方联动”的教学工作指导原则，即“企业—教师—学生”三者之间互相反馈信息，打通二方交流的通道，使得专业定位和培养目标与企业实际需求相适应、办学条件和教学管理与人才培养相适应、高效优势与企业优势相结合、学校教育与行业市场无缝对接。采用“三阶段渐进式”的工学结合培养模式，旨在着力培养学生的实践能力、创新能力、就业能力和创业能力，提高学生的综合素质，使其更能适应以后的工作环境，具有终身学习的能力。

第一阶段是指第 1、2、3 学期进行公共通识课和专业基础课教学，培养学生的人文素养，传授高级语言程序设计、数据结构、操作系统、计算机网络、组成原理、数据库等基础知识，并在寒暑假短学期里接受合作企业的第一阶段培养。

第二阶段是指第 4、5、6 学期进行专业主干课程的教学，培养学生的计算机软硬件设计和程序开发的实际技能、嵌入式系统的设计与施工、移动互联网系统设计与施工能力，在第二个寒暑假里接受企业的第二阶段培养。

第三阶段是指第三个寒暑假和第 7、8 学期通过企业实习强化专业技能实训，着力培养学生的职业生存基本能力，同时开展就业指导、职业生涯规划、创业培训等，加强学生创新能力的培养。

（三）效果与影响

1. 学生普遍受益，实践创新能力有了较大提高，学科竞赛获奖成果显著，就业率稳步提升，居全校第一，深受企业欢迎。

2. 推动教师潜心进行教学研究，教学成果丰富，有效地提升了教学效果。

3. 校企双赢合作，建立多个校外实践实训基地。

第四节　计算机专业应用型人才的培养

一、面向需求的职业需求驱动人才培养方案

（一）教育理念和指导思想

要培养与社会发展需要相适应的高素质应用型人才，必须认真研究高等教育的发展规律

和学科专业的发展趋势，以现代教育理念为指导，以提高人才培养质量为核心，以社会需求为导向，明确培养目标和要求，完善培养模式，优化课程体系，改革教学方法与手段，强化实践能力培养，激发学生的学习兴趣和主动性，提高教师队伍的水平和能力，构建良好的支撑环境，以实现面向社会需求的应用型人才培养目标。

1. 重视学科建设和产学合作

教学与科研是相辅相成的，科研能提高教师的业务水平，掌握先进的技术，进而有效地提高教师的教学能力。产学合作使人才培养方案和途径贴近社会需求，缩小人才培养和需求之间的差距，促进学生职业竞争力的提高，从而达到培养应用型人才的目的。

2. 培养目标应符合社会需求

人才培养应主动适应社会发展和科技进步，满足地方经济建设的需要，并以此为导向确定专业人才培养的目标和要求，明确所培养的人才应掌握的核心知识、应具备的核心能力和应具有的综合素质。

3. 培养模式应适应人才培养要求

应用型人才既不是纯粹的研究型人才，也不完全等同于技能型人才，因此，我们在应用型人才培养的过程中，不能简单地应用我们传统的培养模式来培养技能型或者研究型人才，而应有自己特有的模式。在培养过程中，应强调实践能力的培养，并以此为主线贯穿人才培养的不同阶段，做到四年不断线。

4. 坚持“以人为本”的教育理念

在教学设计和实施中考虑多样性与灵活性，为学生提供选择的余地，使学生可以根据自己的兴趣和水平，选择某个专业方向作为发展方向，并能自主设计学习进程。在教学过程中应强调以学生为主体，因材施教，充分发挥学生的特长，教师应从学生的角度体会“学”之困惑，反思“教”之缺陷，因学思教，由教助学，通过“教”帮助学生学习，体现现代教育以人为本的思想，并由此推动教学方法和手段的改革。

5. 培养方案应满足应用型人才培养目标

应针对人才培养的目标与要求，明确培养途径，以“重基础、精专业、强能力”为指导，设计科学合理的课程体系和实践体系，做到课程体系体现应用型、实践体系实现应用型。课程体系可以采用“核心+方向”的模块化方式，既构建较完整的核心知识体系，又按就业的方向设计不同的专业方向，使所培养的人才具备职业岗位所需要的知识能力结构，上手快、后劲足。实践体系应包括实验、训练、实习等环节，强调从应用出发，在实践中培养和提高学生的实际动手能力。

6. 建设一支培养应用型人才的教师队伍

教师是教学活动的主导，应用型人才的培养需要一批具有行业或企业背景的“双师型”教师。在积极引进的同时，应加强对青年教师的培养，特别是教学能力和工程背景的培训与提升，加大选派教师参加技术培训或到企业实践锻炼的力度，还应聘请行业专家到学校兼职，形成一支熟悉社会需求、教学经验丰富、专兼职结合、来源结构多样化的高水平教师队伍。

（二）人才培养方案

1. 人才培养方案的特色

要培养计算机专业应用型人才，在培养方案上必须根据社会需求、学科与产业的发展和自身优势，以培养高素质应用型软件开发与信息服务人才为目标，在培养模式、课程体系、教学方法与手段、实践体系等方面积极开展研究与改革。

（1）强调实践能力的课程体系结构

计算机专业课程体系结构以应用型人才培养为目标，以实践创新为主线，以课程体系改革为手段，将专业课程体系划分为三个阶段：两年的基础（含专业基础）课程学习，一年的专业方向课程学习，最后一年的时间用来进行毕业实习和毕业设计，让学生有更多的时间能参与实际应用上来，提高分析问题和解决问题的实践能力，做到既有较好的理论基础，又在某一专业技术方向具有特长。

（2）面向需求的应用型人才培养方案

计算机专业的特点是实践性强，学科发展迅猛，新知识层出不穷，强调实际动手能力，这就要求专业教育既要加强基础，培养学生知识获取的自主能力，又要重视培养实践应用能力。从差异化就业市场人才的角度出发，设计“核心+方向”培训项目，构建基于计算机基础知识理论体系的专业核心课程，打下坚实的基础，还要考虑学生未来的发展空间。根据就业的方向随时调整专业方向，从而提高学生的适应能力、实践能力和实际应用能力。根据市场需求与设置专业发展相结合的特点，为学生提供了多样化的选择。

（3）制定“核心稳定、方向灵活”的课程体系

随着计算机学科的不断发展，社会也对计算机人才提出了越来越高的要求，因此，课程体系需要不断地更新与完善，既要适应市场需求的变化，还要跟踪新技术的发展。遵循“基本核心稳定，灵活专业方向”的理念，注重学科内容的更新和补充，改革教学方法、教学手段和评价方法，灵活设置课程专业化的方向，核心课程应该相对稳定。我们需要灵活应对市场变化，及时了解专业技术的最新趋势，坚持“面向社会，与 IT 行业发展接轨”的原则，在建立良好基础的前提下，通过理论与实践相结合，培养学生必要的理论水平和

解决实际问题的实践能力。

2. 人才培养方案构建的原则

（1）坚持人才培养主动适应社会发展和科技进步需要的原则。人才培养目标应符合社会需求。

（2）坚持知识、能力、素质协调发展，综合提高的原则。人才培养模式和培养方案应满足人才培养目标，通过对人才培养规格和培养途径的分析研究，明确应用型人才应掌握的核心知识、应具备的核心能力和应具有的综合素质，以及有效培养途径，强调实践环节的重要性。

（3）坚持学生在教学过程中的主体地位，因材施教，充分发挥学生的特长。

（4）坚持教师是教学活动主导的原则。课程设置、专业方向建设要充分考虑到师资队伍的现状、教师梯队的建设、教师水平的提高和教学资源的综合利用，把与专业相关的学科强势方向作为专业方向建设的支撑点。

（5）坚持课程体系的稳定性、前瞻性和开放性相结合的原则。在强调稳定性和规范性的同时，兼顾开放性，为课程体系的进一步完善与教学内容的更新留出余地。

3. 面向需求的人才培养方案

首先，设置灵活的专业方向。应用型人才的培养应结合本地区的经济发展，不断打破专业学科设置的局限，针对市场需求和师资力量设置专业方向，并随着社会经济的发展与技术进步适时更新。同时还要积极开展校企、校校之间的合作，与企业共同合作培养人才，联合在专业方向建设上有特色的学校合作开展研究。在专业设置上，可开设 . Net 数据库应用开发、Java 应用开发、信息服务、嵌入式系统应用、电子商务应用开发和数字媒体设计制作等专业方向。对这些专业方向来说，一般都是根据技术发展和市场需求进行设置和建设的，具有扩展性和灵活性，以后还将根据市场需求的变化和专业技术的发展及时进行更新。学生能够完全凭借自己的兴趣爱好选择自己未来职业的发展方向。

专业方向的设置不仅是市场需求和技术发展的结果，也是师资队伍教学与科研能力的体现。专业方向的建设任务主要应由青年教师承担，他们充满活力，与企业保持着密切联系，承担着大量应用型科研项目的研发工作，能敏锐把握技术发展趋势和人才市场需求，能有效完善专业方向的建设，并突出自身的特色和优势，以提高专业教学的市场适应性。

其次，构建核心稳定、方向灵活、科学合理的课程体系。在制定课程体系时，要充分考虑学科的特点和市场需求，妥善处理稳定与灵活的关系，使课程体系能够体现“核心稳定、方向灵活”的特点。应该按照计算机基本知识理论体系设置专业核心课程，不断夯实基础，充分考虑学生未来的发展空间；根据就业方向灵活设置专业方向与课程，注重培养学生的应用能力和实践能力，以及学生的职业技能，从而不断增强学生的适应性。

（三）基础建设与实施环境

1. 学科建设基础

学科建设对专业建设起着重大的促进作用。学科建设可以提供高水平的师资队伍、科学研究基地、有关学科发展最新成果的教学内容，其对应用型人才培养的作用主要体现在如下三个方面。

（1）促进教师队伍建设

通过科学研究的推动，能够使教师及时、准确地把握学科的前沿动态，不断提高解决实际问题的能力，为培养应用型人才提供保障。科学研究不仅能够拓展教学的深度和广度，而且还能不断更新教师的知识结构，不断完善教师的知识体系，最终不断提高教师的综合素质。

（2）促进建设特色专业

面向应用的科学研究使得教师与外界的距离不断缩小，使教师能够充分了解市场的需求，并且能够适应技术的飞速发展。可以通过科研与教学的互动，将教师科研与所授课程紧密联系，利用科研来完善教学环节，以促进教学质量的提高和特色的形成。

（3）促进培养学生应用能力

学生参加科研项目可以培养其进行科学研究的兴趣、热情以及创新思维，对其将理论知识转化成发现、分析和解决实际问题的能力起到一定的帮助作用。一般而言，具有较高科学研究能力的教师往往会受到学生的敬佩，有在研项目的教师可以吸引许多学生积极加入项目团队。通过科研项目的实战演练，使学生既学会了创新性应用，也提高了他们的综合素质，同时又不断积累了实际工作经验，弥补了学校教学与企业要求之间的差距，为将来更好地就业奠定了基础。

2. 产学合作基础

产学合作是专业建设的重要支柱，是应用型人才培养的重要途径。产学合作的目的是为了培养学生的综合能力，提高学生的综合素质，提高职业竞争力，要充分利用多种教育环境和资源，将理论学习与工作实践相结合，提高人才培养的适应性和实用性，从而能够实现企业、学校和学生的多赢。

在产学合作中，本科院校具有教育优势，而企业直接为社会提供产品和服务，代表真实的社会需求。本科院校和企业共同开展产学合作，合理利用本科院校和社会这两个教育环境，合理开展理论研究和社会实践，制订与社会需求更加贴近的人才培养方案、教学内容和实践环节，对本科院校教育和社会需求相脱节的问题的解决有一定的帮助，使得人才培养与需求之间的差距不断缩小，学生的职业竞争力不断提高，达到培养应用型人才的目的，起到学生、社会、本科院校互利互惠的效应。

大部分这个领域的学生更愿意在毕业时直接工作，特别是从事信息产业生产活动，或者各种信息服务活动的学生。要想提高学生的核心竞争力，应该注重发展和提高在校期间学生的专业素质。

（1）校企合作，建立实训基地

通过建立完善的企业发展环境和文化氛围，引进企业管理的模式，不断培养学生的职业素质，从而形成基于实战的互动式教学模式。对于实训项目，应来源于真实的项目，即在真实的环境下开发项目，并且要按时、按质完成，对学生的学习来说，就好比去参加工作，在学习的过程中，要时常进行分组讨论，不断发表自己的见解和看法，从而能够真正实现互动教学的意义。在经过这种类型的真枪实战的训练之后，学生在未来就业时就能直接加入到开发实际项目中，并且通常都会受到用人单位的欢迎。

（2）多渠道增强学生的职业素质

在新生教育阶段，就应该不断启发他们思考职业生涯的规划，将在校学习与未来的职业规划相结合。在校学习阶段，学生通过课堂教学、企业家论坛、实训等形式，逐渐认同行业要求，并且自身的职业素质也在不断增强。在课程训练和短学期训练中，学生应该和实际参加工作一样，必须在纪律、着装、模拟项目开发等方面严格遵守企业的规范要求，并且使他们能够提前感受企业的工作环境，从而不断增强他们的职业认同感。

（3）产学结合促进毕业实习/毕业设计环节的有效开展

通过与IT企业的合作，共同建立学生实训基地，能够为将来学生的实习、毕业设计和就业提供一站式的服务。对于在培训基础上设计项目的学生，采用“双辅导系统”，即学校教师和企业工程师一起，培养和锻炼学生在理论与实践两个方面的能力，最终能够使他们成为具备扎实基础的应用型人才。

3. 师资队伍基础

要想成功贯彻落实应用型人才的培养方案，就要具备一支有扎实理论知识和丰富实践经验的高素质教师团队。为了建立一支高素质，尤其是“双师型”教师的师资队伍，具体措施如下。

（1）引进“双师型”教师，同时采取有效措施让新教师脱产、半脱产或在岗到校内外一些实际工作岗位上锻炼。

（2）制订现有师资的培训、进修计划，积极创造条件提升教师的学历层次，提高教师的教学水平和科研能力，满足产学研需求。鼓励教师积极参加各类学术交流、企业实践和出国培训等，积极加入企业、工厂和科研单位的项目开发，不断提升教师的研究和实践能力，从而能够为应用型人才的培养提供更好的教学服务。

（3）探索出一条学校与社会合作共同培养教师的新方法。鼓励和支持骨干教师与相关产业积极交流、合作与学习，还要聘请相关产业的优秀专家和资深人士到学校兼职授课，形成交流培训、合作讲学、兼职任教等形式多样的教师成长机制，从而建设一支了解社会需求、拥有丰富教学经验的高水平教师队伍。

（4）建立合适的教师考评机制，从制度层面不断引导教师自身实践能力和应用能力的提高。师资队伍建设与提升是一项长期的任务，应根据人才培养的需要，不断优化师资队伍结构，建设一支教学和科研综合水平高、结构合理的教师队伍。

4. 教学资源与条件

精良的实验设备和完善的实验条件、充足的实习基地以及良好的图书资料是专业教学的基本物质保障，也是培养应用型人才实践动手能力的必备条件。

（1）产学合作，建立实习实训基地。实验、训练和实习是工科教育必不可少的环节，应完善实践教学体系建设，强调动手能力的培养。通过产学合作，充分利用校内外资源，多渠道建立实习实训基地，使学生参与 IT 企业的软件开发和测试，与用人单位接轨。

（2）充分利用各种信息资源，包括各种图书资料、数字化资源、专业资料等，供教师和学生使用。

5. 教学管理与服务

教学管理应做到规范化、流程化和网络化，建立一套相对完备的管理机制，形成“办学以教师为主体，教学以学生为主体，以质量保证为前提，以严格高效为目标”的教学管理特色。

（1）健全规章制度

应重视教学规章制度的建设，在学校下发的教学管理文件的基础上，根据专业的实际情况，按照教学管理、教务管理、实践教学、教学改革和质量监控分类管理，制定与完善各项规定、规范、实施细则和工作流程等，做到有章可循、有法可依。

教学管理制度是执行教学计划、保证教学质量和维护正常教学秩序的关键，在具体执行中还应强化过程管理，重点做好以下工作：维护教学计划严肃性，实行教学环节规范化；慎重选聘任课教师，保证主讲队伍的水平；畅通信息反馈渠道，强化教学过程管理；严肃考风考纪，改进考试方式；实行教学考评制，提高教师责任心；严格学生全方位管理，提高学生的学习主动性。

在健全的规章制度的保证下，应努力建立教学质量保证与监控体系，采取成立教学督导组、同行听课、教学检查、鼓励教师开展教学研究等有效措施，切实提高教学质量。

（2）多级教学管理架构

通过分院、系、教研室以及课程组等多层次教学组织，可以加强对管理和教学质量的监控。各级组织应责任明确，共同促进专业教学工作更好、更快地完成。

教学委员会主要负责审定专业教学计划、制定规范、教学监控和检查；系主要负责教学的实施和检查；教研室负责建设所辖的一组课程，组织教学研究和教学改革的开展；课程组承担建设某一门课程的责任，其中包括准备教学资料、课堂教学和实践、命题阅卷评分和期末给出课程小结等工作。教师按照其承担的教学任务积极参与相应课程组的教研活动。

（3）高效的管理与服务

专业或所在分院应配备专职管理人员，处理教学教务日常工作。教学管理人员应以“一切为了学生成才，一切为了教师发展”为基本指导方针，树立“为教学服务、为教师服务、为学生服务”的理念，从被动管理走向主动服务，树立新的观念，研究未来社会对人才的需求趋势、人才培养的现状与社会需求之间的差距，以及与其他高校相比较的优势和不足，为教学改革提供支持。在管理的过程中，应该充分发挥自身的专业优势，可以通过使用教务管理系统、课程教学平台等信息化手段提高管理的效率和水平。

二、基于 IBL 的 ILT 人才培养方案

（一）教育理念和指导思想

基于行为的学习（Industry-based Learning，简称 IBL）的学习训练一体化（Integrated Learning and Training，简称 ILT）人才培养方案坚持“产学合作，校企结合”培养应用型人才的方针，通过校企双方协商，按照企业对人才的需求规格制订教学方案，建立实习基地。把企业的管理、运作、工作模式直接引进实习基地的实习活动中，以企业的项目开发驱动学生的实习活动。使学生在大学学习阶段就可以接触到实际的工作环境和氛围，直接参与到实际的项目开发中去。通过工程项目开发训练培养学生的职业能力、职业素质，提高学生的学习兴趣，消除学习和工作之间的鸿沟，有利于应用型人才的培养。

在实施 ILT 人才培养方案的过程中，坚持以地方经济对人才的需求为导向的原则，并以学生能力培养为重点，设计了七周的长周期软件开发综合训练，大大提高了学生的计算机专业知识综合运用能力、分析问题与解决问题的能力和职业素质等；同时基于 IBL 的

ILT人才培养方案重视学生专业基础理论知识的学习，将教育部专业规范规定的专业基础课程纳入教学计划，并改革应用型人才培养的课程与教学，构建了学习训练一体化、理论实践相融合的计算机人才培养方案。

（二）人才培养方案

1. 人才培养方案的特色

ILT人才培养方案遵从“高等学校计算机应用型人才培养模式研究”课题组提出的应用型人才培养模式的基本原则，并形成了自身的特色。方案特色主要包括以下四点：

一是贯彻了应用型人才培养的基本原则，兼顾理论基础和应用能力培养，兼顾知识学习和工作实践训练。以实际应用为导向，以行业需求为目标，以综合素养和应用知识与能力的提高为核心，使学生成为适应地方经济发展需要的应用型高级专门人才。

二是研究并实践国外先进的IBL教学模式，设计基于IBL的ILT人才培养方案，加强“学习训练一体化”综合课程的建设，强化课程体系的改革。依托校企合作，以行业实习形式进行集中实践教学，企业将负责整体技术指导过程，并以“学习训练一体化”的形式开展软件开发岗位的定向培训，校企合建软件开发实习环境。根据调查分析学习对象和人才培养规格，设计“学习训练一体化”课程的基本学习要求与实习目标。

三是教师和学生在教学过程中的地位将发生改变。根据ILT人才培养方案，教师不仅仅是传授知识，也负责组织学生进行学习。除此之外，教师还安排学生与实习单位见面，从而能够根据其需要选择实习单位，并且还为学生安排实习期间的学习内容，监督教学计划中预期的完成情况。教师还要沟通和解决学生在学习中遇到的问题。同时该教学模式也可以促使教师改善教学方法、提高教学技能。学生可以真实地体验和熟悉职场环境，同时获得专业和职业能力。此外，在实习的过程中，学生作为学习的主体，建立一个基于分散和非系统知识的综合、全面的知识体系，然后通过积极感知进行学习与操作。

四是为了增强毕业生的就业竞争力，要在高校、行业和学生三者之间密切合作的基础上制定教学方法和教学设计。学校应该同企业展开合作，一起参与教学的开展，一起培养潜在的企业员工。即紧密依托企业培养出更多符合职业需求的毕业生，以便提高毕业生的一次就业率。

2. 人才培养方案的构建原则

（1）实施因材施教的教学方法

在充分论证的基础上，可以设立和组合特殊培养计划，对学生实施资助教育，鼓励学生参加技能培训以获得相应的学分，拓展有专长和潜力的学生的发展空间。

（2）设立长周期的综合训练课程

通过 ILT 人才培养方案的构建，在七周的长周期的软件开发综合训练中，将企业实践直接引进学校的教学过程，使学生在大学学习阶段就可以接触到实际的工作环境和氛围，并直接进入实际的项目开发当中。通过工程项目的培训，不仅可以提高学生的专业能力和专业素质，而且也可以提高学生的学习兴趣，缩短了学习与实践的差距，从而创造出一个应用型人才培养的新模式。

（3）培养方案要统筹规范，兼顾灵活

统筹规范要有国内外同类专业设置标准或规范做依据，统一课程设置结构。课程按三层体系搭建：学科性理论课程、训练性实践课程和理论—实践一体化课程。灵活是根据生源情况和对人才市场的调研与分析，采用分层教学、分类指导的方式，保证能对不同层（级）的学生进行教学和管理。根据职业需求和技术发展灵活设置专业方向和选修课程，在教师的指导下，学生应能在公共选修、自主教育、专业特色模块等课程中选修，包括跨专业选修和辅修，但改选专业需按学校有关规定和比例执行。

（4）人才培养要体现“宽基础、精专业”的指导思想

“宽”是指能覆盖综合素养所要求的通识性知识和学科专业基础，具有能适应社会和职业需要的多方面的能力，而其“厚”度要适度，根据教学对象的情况因材施教，学以致用；“精”是指对所选择的专业要根据就业需要适当缩小，有利于培养一专多能的应用型、复合型人才，符合信息技术发展需要和职业需求。

3. 人才培养方案的课程体系

（1）课程设置

各类课程设置的总体说明如下。

第一，学科理论性课程共计 114 学分，分为公共基础类课程和专业、专业基础类课程。其中，公共基础类课程共计 58 学分，涉及思想政治理论类课程、高等数学课程、大学物理类课程、大学体育课程、大学英语课程、高级语言程序设计和专业导论课程。这些课程与后续专业及专业基础类课程紧密相关，学生在大一和大二应完成公共基础课程的学习。

专业、专业基础类课程共计 56 学分。其中，计算机科学与技术专业的基础类课程包括线性代数、离散数学、数字逻辑技术、电路与系统、专业基础类课程公选课，专业课程包括数据结构、面向对象程序设计、计算机网络、数据库管理与实现、软件工程、操作系统和计算机组成原理等。学生可以在大学二、三、四年级学到相应的课程。

第二，训练性实践课程共计 21 周，分为公共基础类课程和专业、专业基础类课程。

公共基础类训练性实践课程共计9周，包括入门教育、军事技能训练、英语强化、工作实践、计算机基础应用训练、物理实验，这里还包括学生在大学四年级的毕业教育。

专业、专业基础类训练性实践课程总计12周，是配合专业、专业基础类理论课程开设的实践课程，包括数据库管理与实现训练、面向对象程序设计训练、软件工程训练、软件测试训练、计算机网络基础应用训练、网络系统规划设计训练、操作系统模拟实现训练、Web技术训练、算法与数据结构训练、计算机硬件和指令系统基础设计训练、嵌入式系统的应用训练和计算机体系结构的模拟实现训练。这些训练性实践课程的开设旨在让学生更好地学习学科性理论课程。

第三，理论—实践一体化课程共计39周，分为公共基础类、专业和专业基础类、毕业设计。该部分主要是以综合性课程的形式出现在教学课程体系中的，此类课程不仅要引导学生应用已学过的专业及专业基础知识，还应结合实践的具体课题补充前沿的新知识、新技术。该类课程的上课周数可为2~7周，充实的上课学时数主要为培养和提升学生的职业竞争能力和发展潜力，要充分体现理论—实践一体化课程的特点。公共基础类理论—实践一体化课程共计5周，包括程序设计综合训练和专业感知与实践。专业、专业基础类理论—实践一体化课程共计18周，包括面向对象与数据库综合性课程、软件开发综合性课程、#系统集成综合性课程、#信息技术应用（软件测试）综合性课程、#计算机工程综合性课程、#项目管理综合性课程（注：四门标注#的课程，必须选择其中的两门课程）。理论—实践一体化课程均由多门学科理论性课程支持，在实践过程中，教师应指导学生把学习过的各门独立的专业课程知识有效地联系贯穿起来，达到工程训练的目的。

第四，实践教学课程包括课内课外实验、专项训练、综合训练、自主教育、毕业设计实践等，保证实践教学四年不断线。第7学期结合专业特色和毕业设计要求应安排7周的集中实践（实习）环节，这一环节一般应在一学期内持续进行，鼓励以团队形式开展项目驱动方式的实践，有条件的可安排到企业或校企合作基地集中实践。毕业设计开题可提前在第7学期和集中实践环节相衔接，减少就业影响。

第五，自主教育类课程。学生在校期间应完成5~10学分的自主教育学习。自主教育类课程以实践教学为主，包括开放式自主实践类课程、创新创业教育、社会技术培训、校企合作置换课、网络资源课程、科技文化活动。学生可通过选修全校各类课程、各学院开设的课程，以及参加学校认可的学科竞赛、证书认证、科技活动、社团活动等自主教育学习来获取学分。其中，创新教育主要包括学生在教师指导下完成的科技竞赛、研究课题以及企业实际应用开发项目。创业教育是学生在校期间开展校（院）级以上批准立项的创业活动。学生在校期间至少要获得5学分的创新创业教育学分。

第六，选修课程（含理论与实践）的组织与时间安排。公共选修课程为全校和全院性选修课程，包括社会科学、人文科学与艺术、经济与管理、国防建设、体育、英语、计算机技术（凡是在本专业开设的同类课程不得在计算机技术类中选修）、数学、自然科学、物理等方面的理论与实践选修课程；其余选修类课程大多为学院开设的选修课程。此外，还有针对不同基础与需要的学生开设的选修课程。

（2）课程实施说明

①三年完成学业的学生。从第1到第6学期每学期安排的学分数量控制在25学分，第7学期建议连续开设16周的实践课程。学生应该在每个学期合理匹配课程选择模块，以确保在这三年里能够完成各教学模块对选修学分的要求。同时，我们也应该注意校、院两个级别的选修课程的适当组合，一般而言，每个学期的选修课程数量不应该超过4个学分，自主教育学分不超过10学分。

②毕业后直接就业的学生。应该严格按照学生的就业意愿，不断学习学科专业课中的基础课程和特色课程。在第7学期的第八周之前，应该基本完成培训计划所要求的义务学分和每节课所需的选修课程，以及加强就业领域的专业课程的学习，然后，有必要积极创造就业条件。第7学期后八周，可以根据学生自己的就业需求进一步加强专业学习，开始毕业设计，选择就业单位进行实习，并奠定良好的基础以更好地参加工作。也可将前后八周打通安排。

③“3+1”教改实验班的学生。在实际教学中建立实验班，推行企业合作办学。学生前三年在学校按照ILT人才培养方案进行学习，第四年学生深入到企业参与实际项目的开发。学生前六学期的教学安排与非教改班专业培养方案中的教学安排完全一致。学生的第7和第8学期均为毕业设计实践环节，学生将直接进入企业进行实习，并且根据学生实际实习内容进行教学培养计划中第7学期相应课程的学分置换。

④计划参加国际大学生交流项目的学生。对于计划参加国际大学生交流项目的学生，有必要通过英语技能培训加强对大学英语课程的学习，以提高英语听力和会话技巧。与此同时，我们必须重视各方要求相互承认学分的课程，为学生参与国际交流项目做好保障。

（三）基础建设与实施环境

1. 学科建设基础

（1）在学科建设中吸收高层次拔尖人才

应用型大学的学科建设要有高层次拔尖人才作为领军人物，作为应用学科的带头人，他们不仅要有坚实的理论基础，还要有工程经验或技术研发能力，以及对应用领域的广泛知识、创新能力和沟通能力。学科带头人的水平和能力决定了该学科的水平和影响力，因此，高等学校和科研机构的学科带头人都要聘请和选拔高层次专业拔尖人才。学校在引进人才的工作过程中，特别是遇到领军人物时，可实施一把手工程，切实解决引进中的问题、困难等。

（2）在学科建设中建立科研开发平台

应用型大学的学科是进行科研开发、培养应用型人才的基本平台。学科建设是建立人才培养和科研开发的基本单元，因此，学科建设中要建立完善的科研开发平台，包括研究所、研究基地或中心、重点实验室等。

（3）学科建设需要有团队的齐心协作

一个学科除要有学科带头人，还要搭建一支学术梯队，形成学术、科研和教学团队，要根据规划不断调整学科队伍，建立合理的学术团队来确立研究方向、建设研究基地以及组织科研工作，改革教学计划提高教学水平。

2. 产学合作基础

开展产学合作是应用型本科院校培养应用型人才的根本途径，是建设应用学科的重要基础，是构建科技创新平台和提升高等院校自主创新能力的重要保障。通过高等院校与企业合作办学，可以充分利用两种不同的教育环境减少人才培养和市场需求之间的差距，提升学生的职场竞争能力，真正实现应用型人才培养的目标。近年来，计算机科学与技术专业依托学科领域的研究成果，与相关科研单位和企业结成全面的产学研联盟，发挥和集成各自的优势，为基于IBL教学模式的ILT人才培养方案的构建奠定了良好的基础。

基于IBL教学模式的实施使企业和学校真正做到零距离对接。专业教师和企业工程师共同开展综合类课程的建设，设计综合性课程方案。通过与企业合作，得到了企业的资金和技术支持，成功共建软件开发实践基地。学生可以参加由企业工程师直接指导的项目实习，通过“学习训练一体化”的教学形式，完成综合项目的开发训练。

在教师的教学过程中，为了能够使培养的人才充分符合市场的需求，并且能够使毕业生转变为企业员工，学校和企业应该共同建设教育和实践的平台，优先开展企业培训和实习的工作，从而能使学校和企业密切结合，以满足企业对人才知识、能力和素质的综合要求。

3. 师资队伍基础

师资队伍是学科、专业发展和教学工作的核心资源。师资队伍的质量对学科、专业的长期发展和教学质量的提高有直接影响。根据应用型人才培养模式，要始终遵循知识、能力与素质协调发展的原则培养专业人才。这就要求构建一支整体素质高、结构合理、业务过硬、具有创新精神的师资队伍，以适应应用型人才培养及自身发展的要求。

（1）专业师资队伍的数量与结构

专业师资队伍应保证年龄结构合理，学历与职称结构合理，具有良好的发展趋势并且与自身专业的目标定位相符合，同时还要与教师的专业和学科的发展及教学需求相适应。生师比应该控制在 16：1 范围内。

（2）对教师队伍的知识能力与素质的要求

专业教师应具备较高的专业学历，如专业博士、专业硕士等；较丰富的行业企业工作经历，如具有三年以上的行业企业工作经历；高等院校的教学工作经历等，这样的教师可称为具有应用型教育专业素质的教师。因此，应用型教育对专业教师的基本要求如下：

①知识结构。教师不仅要有较深的本学科理论知识，还要有较多的实践相关知识，如仪器设备知识、实验或实验材料知识。从教学环节上看，教师在理论课课堂上要向学生系统地教授知识，因而对教师的理论水平和本学科系统的、先进的知识结构要求较高。

②工作经历。由于应用型教学强调培养学生的综合应用能力和实践能力，因此要求教师在具备专业知识和基本技能的基础上，还要具备相关职业工作背景或培训经历，如参与过企业工程项目开发、有企业工作经历或经验等。教师要跟踪技术的发展变化，在教学中及时引进新技术，努力将教学贴近生产、生活服务实际。

③能力结构。教师不但要具有基本教学能力，还要有较高的实际操作能力、观察能力和研究能力，要掌握培养应用能力的教学方法。此外，在充分发挥这些教师作用的基础上，还应通过培训等多种渠道提升教师的专业实践水平和科研能力，以满足产学研的需求。

4. 教学资源与条件

（1）教材建设

教材是知识的重要载体，是学生获取知识的主要途径，是教师教学的基本工具。教材质量的优劣直接影响教学和人才培养的质量。因此，教材建设是教学改革的重要内容之一。

教材建设要结合实际，正确把握教学内容和课程体系的改革方向，教材建设应密切配合学校学科、专业及办学定位，因此，教材的建设与选用应紧紧围绕应用型人才的培养目标。应鼓励具有应用型本科教育专业素质的教师结合一线教学和企业工作经验编写满足ILT 人才培养方案需求、符合专业发展需要、具有自身特色的专业教材。

（2）图书资源建设

在图书资源管理方面，校图书馆应从资源和服务两个方面实现对计算机专业教学科研的保障作用。一是加强图书、期刊、电子资源以及各类数据库的建设。收藏的参考文献大部分是本校各专业相关学科的基础理论、教学参考和科学研究文献，从而形成具有特色的多学科、多层次、多载体形式的馆藏文献体系和数据库体系。二是在保持传统服务的基础上，充分利用现代化技术开展以网络文献服务为中心的信息服务，开发网上资源，形成以网上文献报道、网上信息导航、网上咨询服务等为主要内容的网上信息服务平台。

（3）教学实践环境建设

教学实践环境包括实验室和校内外实习基地。教学实践环境的建设既要符合专业基础实践的需要，又要考虑专业技术发展趋势的需要。计算机专业要有设备先进的实验室：软件开发工程实训室、微机原理与接口技术实验室、计算机网络系统集成实训室、通信网络技术实验室、数字化创新技术实验室和院企合作软件开发实践基地等。这些实验室和实践基地为ILT人才培养方案的实施提供了良好的教学实践环境。

5. 教学管理与服务

（1）完善的教学管理

学校可以建立包括学术委员会、专业负责人以及课程群负责人和教研室主任在内的多级教学管理层次。通过各级职务人员的协同工作，加强教学管理和质量监控，共同完成专业教学任务。

学术委员会主要负责教学管理相关文件的审定，包括对一些重大教学事故的处理，科研发展规划的制订和实施，审议、推荐校级、纵向项目科研课题，评估教师和科研人员的科研成果。专业负责人审定专业教学计划，并进行教学监控和检查。课程群负责人负责所辖的一组课程的建设，专业课程内容的制定以及专业课程之间衔接，其中包括制定教学进度、设计教学大纲实施方案、监督课堂教学和实践的实施、审核命题及阅卷评分标准。教研室主任负责教学实施和检查课程教学进度，开展教学研究和教学改革。任课教师根据所承担的教学任务参加相应教研室的教研活动。

（2）完备的规章制度

学校应该按照教学建设、实践教学、教学研究、质量评估、学生学籍分类进行管理，制定和完善各项管理规定、规范、实施细则和工作流程等，让规章制度文件成为一切工作的指导纲领。

教学建设包括人才培养计划管理、课程建设与管理、教材建设与管理、全校性基础课程教学协作组管理等；实践教学包括实验室建设专项管理、学科竞赛、实践教学改革等，教学研究包括专业建设与管理、教研项目管理制度、教学成果奖励制度等，质量评估包括教学检查、质量评测、教学事故认定管理、督导队伍管理、评优管理，学生学籍管理包括成绩管理制度、学籍处理制度、学生证管理、毕业自审管理、电子注册、学籍异动学生教学安排和往届生返校进修管理等。

第六章　现代技术在计算机教学中的应用

第一节　人工智能技术在计算机教学中的应用

一、人工智能技术在计算机网络教育中的应用

（一）人工智能的主要特点

当前，我国的人工智能主要集中在三大领域，计算机实行智能化应用主要是通过模仿人类大脑的智能化来实现的，未来的人工智能技术是具有超强发展潜力的新领域，对人们的生产以及生活都会产生很大影响，对信息技术的整体发展也会产生深远影响。而且人工智能给人类带来的影响是潜移默化的，它在不知不觉中改变着人类的生活方式以及工作学习的方式，让我们的生活变得更加便利，提供了多元化的科学选择。

智能技术包括人类智能和计算机智能，两者是相辅相成的。通过运用人工智能可以将人类智能转化为机器智能；反之，机器智能也可以通过计算机辅助等智能教学转化为人类智能。

1. 人工智能的技术特点

（1）人工智能具有强大的搜索功能

搜索功能是采用一定的搜索程序对海量知识进行快速检索，最后找到答案。

（2）人工智能具有知识表示能力

所谓知识，是指用人类智能对知识的行为，而人工智能相对来说也会具有此类特征，它可以表示一些不精确的模糊的知识。

（3）人工智能还具有语音识别和抽象功能

语音识别能处理不精确的信息；抽象能力是区别重要性程度的功能设置，可以借助抽象能力将问题中的重要特征与其他的非重要特征区分开来，使处理变得更有效率更灵活。对于用户来说，仅需叙述问题，而问题的具体解决方案就留给智能程序。

2. 智能多媒体技术

（1）人机对话更具灵活性

传统多媒体欠缺人机对话，致使教学生硬枯燥，无法达到很好的效果，而智能多媒体允许学生用自然语言与计算机进行人机对话，并且还能根据学生的不同特点对学生的问题做出不同的回答。

（2）更具教育实践性

由于学生的素质不同，在学习上的知识面不同，而且学习主动性也会各有差别，人工智能必须根据每个学生的学习基础、水平和个人能力，为每个学生安排制定符合个人的学习内容和学习目标，对学生进行个别有针对性的指导。

（3）人工智能系统还必须具备更强的创造性和纠正能力

创造性是人工智能的一个明显的特征，而纠错能力也是它的一个表现方面。

（4）人工智能多媒体还应具备教师的特点

主要是指在教学时能很好地对学生的学习行为以及教师的行为进行智能评判，使学生和教师能找到自己的不足，有利于学生和教师各自在学习方面得到提高。

（二）智能计算机辅助教学系统

1. 人工智能多媒体系统

（1）知识库

智能多媒体不再是教师用来将纸质定量教学资源来进行电子化转换的工具，它应该拥有自己的知识库，知识库总的教学内容是根据教师和学生的具体情况进行有选择的设计的。另外，知识库应该要做到资源的共享，并且要时时更新，这样才能实现知识库的功能。

（2）学生板块

智能教学的一个特征是要及时掌握学生的动态信息，根据学生的不同发展情况进行智能判定，从而进行个别性指导以及建议，使教学更加具有针对性。

（3）教学和教学控制板块

这个板块的设计主要是为了教学的整体性考虑的，它关注的是教学方法的问题。具备领域知识、教学策略和人机对话方面的知识是前提，根据之前的学生模型来分析学生的特点和其学习状况，通过智能系统的各种手段对知识和针对性教育措施进行有效的搜索。

（4）用户接口模块

这是目前智能系统依然不能避免的一个板块，整个智能系统依然要靠人机交流完成程序的操作，在这里用户依靠用户接口将教学内容传送到机器上完成教学。

2. 人工智能多媒体教学的发展

（1）不断与网络结合

网络飞速发展，智能多媒体也与网络不断紧密结合，并向多维度的网络空间发展。网络具有海量知识、信息更新速度快等各种优点，与网络的结合是智能教学的发展方向。

（2）智能代理技术的应用

教学是不断朝学生与机器指导的学习模式发展，教师的部分指导被机器所逐渐取代，如智能导航系统等。

（3）不断开发新的系统软件

系统软件的特征是更新速度快，旧的系统满足不了不断发展的网络要求，不断开发新的软件才能更好地帮助学生解决问题，从而有利于学生的学习和教师的教学。教学智能化是教学现代化的发展主流，智能教学系统要充分运用自身的智能功能，从师生双方发挥应有的高性能特点，着重表现高科技手段的巨大作用，进一步推动智能教学系统的发展。

（三）人工智能技术在计算机网络教学中的应用

1. 智能决策支持系统

智能决策支持系统是 DSS 与 AI 相结合的产物。IDSS 系统的德尔基本构件由数据库、模型库、方法库、人机接口等构成，它可以根据人们的需求为人们提供需要的信息与数据，还可以建立或者修改决策系统，并在科学合理的比较基础上进行判断，为决策者提供正确的决策依据。

2. 智能教学专家系统

智能教学专家系统是人工智能技术在计算机网络教学中的应用拓展。它的实现主要是利用计算机对专家教授的教学思维进行模拟，这种模拟具有准确性与高效性，可以实现因材施教，达到教学效果的最佳化，真正实现教学的个性化。同时，还在一定程度上减少了教学的经费支出，节约了教学实施所需要的成本。因此，在计算机网络教学中应当充分利用智能教学专家系统带来的优势，降低教育成本，提高教育质量。

3. 智能导学系统的应用

智能导学系统是在人工智能技术的支持下出现的一种拓展技术，它维持了优良的教学环境，可以保障学习者对各种资源进行调用，保障学习的高效率，减轻学生沉重的学习负担。它还具有一定的前瞻性和针对性，能够对学生的问题以及练习进行科学合理的规划，并且可以帮助学生巩固知识，督促学生不断提高。

4. 智能仿真技术

智能仿真技术具有灵活性，应用界面十分友好，能够替代仿真专家进行实验设计和设计教学课件，这样能够大大降低教学成本，也可以节省课程开发以及课件设计的时间，缩短课程开发所需要的时间。在未来的计算机网络教学中应当大力发展智能仿真技术，充分利用智能仿真技术带来的机遇，也要对信息进行强有力的辨识，避免虚假信息带来的干扰。

5. 智能硬件网络

智能硬件网络的智能化主要表现在两个方面；首先是操作的智能化，主要包括对网络系统运行的智能化；以及维护和管理的智能化。其次是服务的智能化，主要体现在网络对用户提供多样化的信息处理上。因此，将智能硬件技术应用在计算机网络教学中是提高教学效率的必要选择。

6. 智能网络组卷系统

智能组卷系统的最大优点就是成本低、效率高、保密性强。因此，它可以根据给的组卷进行试题的生成，对学生进行学分管理，突破了传统的考试模式，节省了教师评卷的时间，是提高学生学习主动性以及积极性的有效措施。

7. 智能信息检索系统

智能信息检索系统主要是帮助学生查找所需要的数据资源，它的智能化系统能够根据学生平时的搜索记录确定学生的兴趣，并且根据学生的兴趣主动在网络上进行数据搜集。搜索引擎是导航系统的重要组成部分，具有极大的主动性，并且可以根据用户的差异性提出不同的导航建议，是使用户准确地获取信息资源的强大保障。从客观层面上来看，将智能信息检索系统应用到计算机网络教学中也是打造智能引擎、提高搜索效率的必要措施。

人工智能技术在计算机网络教学中的应用至今仍然不成熟，存在很多问题，为了适应时代的发展需要，科学有效地将人工智能技术应用到计算机网络教学中，必须进行不断的探索与创新，切实满足学生的需要。还要科学合理地把先进的科学技术与计算机网络教学结合起来，真正实现计算机网络教学的个性化与高效化，为提高教学效率、促进教学形式的多样化做出贡献。

二、人工智能时代的计算机教学

（一）人工智能时代的计算机程序设计背景

人工智能，是研究、开发用于模拟、延伸和扩展人的智能的理论、方法、技术及应用系统的一门新的技术科学。人工智能是计算机科学的一个分支，该领域的研究包括机器人、语音识别、图像识别、自然语言处理和专家系统等。当前人工智能的快速发展主要依赖两大要素：机器学习与大数据。也就是说，在大数据上开展机器学习是实现人工智能的主要方法。而计算机程序设计可视为“算法+数据结构”。通过简单地将机器学习映射到算法、将大数据映射到数据结构，我们可以理解人工智能与计算机程序设计之间存在一定程度上的对应关系。人工智能离不开计算机程序设计，要弄清人工智能时代对计算机程序设计的新需求，需要首先对机器学习和大数据有一定的认识。

机器学习是一门研究计算机怎样模拟或实现人类的学习行为以获取新的知识或技能的多领域交叉学科，涉及概率论、统计学、逼近论、凸分析、算法复杂度理论等多门学科。机器学习是人工智能的核心，包括很多方法，如线性模型、决策树、神经网络、支持向量机、贝叶斯分类器、集成学习、聚类、度量学习、稀疏学习、概率图模型和强化学习等。其中，大部分方法都属于数据驱动，都是通过学习获得数据不同抽象层次的表达，以利于更好地理解和分析数据、挖掘数据隐藏的结构和关系。

深度学习是机器学习的一个分支，由神经网络发展而来，一般特指学习高层数的网络结构。深度学习也包括各种不同的模型，如深度信念网络、自编码器、卷积神经网络、循环神经网络等。深度学习是目前主流的机器学习方法，在图像分类与识别、语音识别等领域都比其他方法表现优异。

作为机器学习的原料，大数据的“大”通常体现在三个方面，即数据量、数据到达的速度和数据类别。数据量大既可以体现为数据的维度高，也可以体现为数据的个数多。对于数据高速到达的情况，需要对应的算法或系统能够有效处理。而多源的、非结构化、多模态等不同类别特点也对大数据的处理方法带来了挑战。可见，大数据不同于海量数据。在大数据上开展机器学习，可以挖掘出隐藏的有价值的数据关联关系。

对于机器学习中涉及的大量具有一定通用性的算法，需要机器学习专业人士将其封装为软件包，以供各应用领域的研发人员直接调用或在其基础上进行扩展。大数据之上的机器学习意味着很大的计算量。以深度学习为例，需要训练的深度神经网络其层次可以达到上千层，节点间的连接权值可以达到上亿个。为了提高训练和测试的效率，使机器学习能够应用于实际场景中，高性能、并行、分布式计算系统是必然的选择。

（二）人工智能时代的计算机程序设计语言

人工智能时代的编程自然以人工智能研究和开发人工智能应用为主要目的。很多编程语言都可以用于人工智能开发，很难说人工智能必须用哪一种语言来开发，但并不是每种编程语言都能够为开发人员节省时间及精力。Python 由于简单易用，是人工智能领域中使用最广泛的编程语言之一，它可以无缝地与数据结构和其他常用的 AI 算法一起使用。Python 之所以适合 AI 项目，其实也是基于 Python 的很多有用的库都可以在 AI 中使用。

Java 也是 AI 项目的一个很好的选择。它是一种面向对象的编程语言，专注于提供 AI 项日上所需的所有高级功能，它是可移植的，并且提供了内置的垃圾回收。另外，Java 社区可以帮助开发人员随时随地查询和解决遇到的问题。LISP 因其出色的原型设计能力和对符号表达式的支持，在 AI 领域占据一席之地。

LISP 是专为人工智能符号处理设计的语言，也是第一个声明式系内的函数式程序设计语言。Prolog 与 LISP 在可用性方面旗鼓相当，Prolog 是一种逻辑编程语言，主要是对一些基本机制进行编程，对于 AI 编程十分有效，如它提供模式匹配、自动回溯和基于树的数据结构化机制。结合这些机制可以为 Ai 项目提供一个灵活的框架。C++是速度最快的面向对象编程语言，这对于 Ai 项目是非常有用的，如搜索引擎可以广泛使用 C++。

其实为 AI 项目选择编程语言，很大程度上都取决于 AI 子领域。在这些编程语言中，Python 因为适用于大多数 AI 子领域，所以逐渐成为 Ai 编程语言的首选。LISP 和 Prolog 因其独特的功能，在部分 Ai 项目中卓有成效，地位暂时难以撼动。而 Java 和 C++的自身优势也将在 AI 项目中继续保持。

（三）人工智能时代的计算机程序设计教学

人工智能时代的计算机程序设计教学在高校应该如何开展呢？下面给出一些初步的思考，供大家讨论并批评指正。

1. 入门语言

入门语言应该容易学习，可以轻松上手，既能传递计算机程序设计的基本思想，也能培养学生对编程的兴趣。C 语言是传统的计算机编程入门语言，但学生学得并不轻松，不少同学学完 C 语言既不会运用，也没有兴趣，有的非计算机专业的学生甚至因为 C 语言对计算机编程产生畏惧心理。因此，宜将 Python 作为入门语言，让同学们轻松入门并快速进入应用开发。有了 Python 这个基础，再学习面向对象程序设计语言 C++或 Java，就可以触类旁通。

2. 数据结构与算法

本书认为，计算机程序设计=数据结构+算法。因此，在学习编程语言的同时或之后，宜选用与入门语言对应的教材。比如，入门语言选 Python 的话，数据结构与算法的教材最好也是用 Python 描述。

3. 编程环境

首先，编程环境要尽量友好，简单易用，所见即所得，无须进行大量烦琐的环境配置工作。对于学生而言，像 Java 那样需要做大量环境配置不是一件容易的事。其次，编程环境要集成度高，一个环境下可以完成整个编程周期的所有工作。再次，编程环境要能够提供跨平台和多编程语言支持。最后，编程环境应提供大量常用的开发包支持。

4. 案例教学

传统的计算机程序设计教材和课堂教学过多偏重介绍编程语言的语法，既使课堂陷入枯燥，又让学生找不到感觉。因此，本书提倡案例教学，即教师在课堂上尽可能结合实际项目来开展教学。教学案例既可以是来自教师自己的研发项目，也可以是来自网络的开源项目。案例教学的好处在于，学生容易理论联系实际，缩短课本与实际研发的距离。

5. 大作业

实验上机除了常规的基本知识的操作练习外，还应安排至少一个大作业。大作业可以是小组（如三名同学）共同完成。这样不但可以锻炼学生学习致用的能力，提升学生学习的成就感，还可以让学生的团队精神和管理能力得到提高，可谓一举多得。大作业的任务应该尽可能来自各领域的实际问题和需求，如果能拿到实际数据更好。

综上，人工智能时代的新需求要求我们探索计算机程序设计新的教学内容和教学形式。唯有与时俱进、不断创新，才能使高校的计算机程序设计教学达到更好的教学效果，才能培养出适应各行各业新需求的研发人才。

第二节　云技术在计算机教学中的应用

一、云技术教学

（一）云技术教学的必要性

1. 云计算市场巨大

随着互联网的蓬勃发展，人工智能、云计算、物联网等新兴技术逐渐步入人们的视野，推动着传统行业的变革。近年来，在国家政策支持和市场需求的刺激下，互联网巨头们纷纷开始了云计算领域的布局之路，云计算行业得到了飞速的发展，2022 年中国云计算市场规模达 4550 亿元，较 2021 年增长 40. 91%。相比于全球 19%的增速，我国云计算市场仍处于快速发展期，预计 2025 年我国云计算整体市场规模将超万亿元。

2. 缺乏云计算人才

随着移动互联网和云计算的快速发展，云计算领域的人才极为稀缺，许多知名企业都明确表达了对计算机人才的强烈需求。在中国，高校云计算行业起步较晚，云计算人才极为匮乏，远远不能满足市场需求。毕业生可以进入云计算和移动互联网领域的知名企业，从事云或移动终端的研究和开发。此外，从云计算市场的规模和发展速度来看，市场也迫切需要云计算专业人士。

（二）云计算教学的形式

高校云计算教学可以分三个层次进行，有条件的高校可以开设云计算专业，或者在计算机相关专业中添加云计算方向，没有条件的高校可以开设云计算课程，讲解计算知识，引导学生进行云计算学习。

1. 开设云计算专业

对于综合性高校，特别是具有较强计算机实力的理工科院校，可以增加云计算专业，系统地对学生进行云计算教育，培养适合业务需求的专业云计算人才。云计算专业的学生将学习云计算、移动开发、软件服务、软件工程相关理论和技术，并参与至少一种商业应用软件服务产品的设计和开发。旨在通过对云计算服务器和各种终端技术开发能力的提升，培养移动项目管理方面的实用工程师和高端人才。

2. 增设云计算发展方向

没有条件设置云计算专业的理工类高校，可以在计算机相关专业设置云计算方向。学生掌握计算机基础理论和专业知识后，将学习一些云计算课程，引导学生向云计算方向发展，培养云计算能力。移动云计算的培养目标是学生系统地研究云计算、移动开发、软件服务、软件工程的相关理论和技术，成长为具备云计算服务端和各种各样终端技术开发能力的实际工程项目管理人才。学生毕业前，完成至少一个商业级应用软件服务产品的设计和开发。

3. 开设云计算课程

没有条件建立云计算方向的高校，针对主修计算机专业课程的学生开设云计算课程，普及云计算的基本知识，了解云计算的历史和发展，熟知云计算的几种模式，掌握云计算平台建设的技术，百会可以对云计算系统的进行基本维护。

4. 满足教学需求搭建云计算实验平台

具备一定条件的学校和科研机构可以采用开源免费软件开发适应自己的云计算平台，条件不成熟的高校教学可以通过购买的方式建立云计算实验平台，从而更好地满足基础云计算教学任务的需求。

二、云技术环境下的计算机教学

（一）云计算在计算机教学中的重要性

1. 可以实现教学资源的共享

教育资源共享网络可以建立三个基本的结构，管理员可以利用云技术对这三个结构进行管理，管理员在管理系统时也只要在后台的终端管理机上进行操作即可，这样就大大提高了管理员的办事效率。通过一个比较集中的管理网络，利用云技术共享的最大特点，对教育资源进行共享。同时，因为云技术的资源是非常丰富和新鲜及时的，所以能更大程度地加大资源共享。

2. 有利于建立一个统一的教学资源库

通过对共享网络中所有的资源进行整合，利用云技术共享的基本特征，能建立起一个统一的教学资源库。计算机数字教学系统本来就是一个教学的工具，而学校安装数字教学系统是为了方便教学，提高学生的学习积极性和自主性。教学资源库的建立能方便管理员对资源的查找和使用，根据教学资源库，也能更快的找出所需的资源，然后对资源进行共享。当教师或学生需要了解某一知识时，只须通过在拥有云技术的数字教学系统中的教学资源进行搜索，就能查到自己所需的内容。运用教学资源库，也将大大提高教师的工作效率，方便教学，也能使学生的自主学习性提高。

3. 可以使教学模式更加多样化

云技术对接入方式的要求不高，只要身边有网络，无论你是手机还是平板，都能使用；而且接入的方式也多种多样，只要你身边有一台能连接网络的终端设备，就能使用云技术将资源共享，并且同一个教育终端能同时供多个人使用。现在大多数学校都采取大型开放式网络教学课程，而这种新的教学方式省去了传统需要携带课本和备课 U 盘的弊端，使教学变得更加具有趣味性。大型开放式网络课程的运用，能让学生自由地支配自己的学习时间，还能使学习的场地不仅仅局限于教室，同时云技术对于计算机硬件的要求也不高，这些优点能让云技术被更多的人所熟知，并且真正运用到教学中去，让移动教学和办公不再成为道听途说，而是成为一项能运用到生活中的很普遍的新的并且高效便利的教学方法。

4. 可以提供一个高效、方便的教学平台

因为云技术具有大量的存储空间，教师可以把教学备案、备课课件、教学管理以及学生的成绩管理存储到装有云技术的设备中；学生也可以把教师平常布置的作业上传到云技术计算机教学系统中；教师也能通过这个平台对学生的作业进行批改和参考，并且对作业进行评价。同时学生也能通过这个系统对教师的教学进行评价，教师也能通过云技术教学系统的后台对学生学习时间的峰值和作业完成情况进行查看，根据这些数据对学生进行了解和评估，并且针对各个学生的情况进行教学策略的调整。

（二）云计算在计算机教学中的应用

1. 激发学生自主能动性

以百度云服务为例，教师可以使用百度云服务平台收集文本、附件、日历、视频、音乐等各种信息，并通过注册账号快速创建团队网站。云计算具有丰富的应用资源，操作过程简单方便，具有很高的可扩展性和灵活性，是一个网页服务器、数据库。教师通过对学生的科学指导，可以明确教学目标，之后根据教学目标从百度云中找出所需的各种资源。学生根据实际情况，可以自由选择学习内容、学习时间和学习方法，并进行科学管理。对学生来说，学生根据自己的学习条件，客观真实地将学习内容记录到系统日志库中，为后期信息反馈提供理论依据。教师可以根据学生在系统日志中记录的内容，找出学生的学习模式和学习特点，明确学生存在的不足和问题，并对学生在学习中的利弊做出相应的评估，为每个学生制订配套的教学计划，实施个性化教学。利用云计算技术开展计算机基础教学活动，可以提高学生的认知能力和可接受性，缩短学生的学习时间，优化学习空间，更好地培养学生的创新能力。

2. 提高学生实际应用能力

利用云计算技术在网络平台上构建虚拟社区，学生可以在虚拟平台上进行交流和讨论，进行相应的互动和练习，节省学生的学习时间和扩大学生的学习空间。学生可以使用虚拟社区以各种方式与同学和教师进行交流和沟通，以获得他人的帮助。首先，学生在学习虚拟设计的计算机基础知识时，应提出自己的疑问和困惑，社区里的其他学生根据他们的实际能力做出反应；其次教师仔细检查学生的互动内容，对学生进行详细而真实的理解，准确评价学生的反应，提高教学质量和教学效率。

3. 综合评价学生

教师应利用云计算技术，通过虚拟化将教师教学与学生学习联系起来，对学生进行科学准确的评价，实施教学改革。使用云计算平台，教师和学生可以免费建立网站，无需任何维护成本。他们只需要根据信息化教学的要求和标准，整合计算机教学资源，为学生提供全面系统的学习材料，使学生能够随时随地开展教学活动，充分突破传统教学时间及空间的局限性。

（三）云技术在计算机教学中存在的问题及对策

1. 存在问题

云技术在计算机教学中存在的问题归结起来主要有以下五个方面。

第一，教学资源配置不平衡。目前，基于云计算的信息技术教育教学平台建设普遍集中在北京、上海、广州等经济发展水平高、教育水平高、教育资源丰富的地区。尽管云计算已经开始在其他领域得到应用，但经常被用于名校。此外，在经济欠发达地区和低知名度的学校，运用云计算的教育和教学资源非常稀缺。

第二，教学资源更新成本高，更新速度慢。云计算作为信息时代发展的产物，必须根据计算机技术在实际应用中的发展不断更新。云计算在计算机教育教学中的应用也必须配备相应的计算机设备和实验室，一次性投资成本大、更新速度快，给学校使用云计算平台带来巨大的经济负担。

第三，标准应用与实现方法不统一。云计算在计算机教育教学中的应用还没有统一的标准和实现方法。目前，我国对云计算教育平台的研究和开发更多的是侧重于理论教育，而实践教育平台的建设严重不足。因此，云计算教育教学平台应有效实现教育资源的整合与开发，在现有资源的基础上对资源进行再开发与构建，实现资源的高效利用，同时与云计算有效整合与发展。

第四，教学方法不科学。当前，我们必须适应社会发展的需要，中国的计算机教学方法也必须尽快更新。在传统的教学方法下，大部分计算机教学操作课程的步骤都是由计算机教师安排的，根据计算机教师的要求，学生在规定的时间内完成计算机操作的步骤。然而，在大数据时代，完成规定时间的任务并不是社会对计算机专业人才的需求，而是在工作中，计算机专业人员将他们所掌握的实践能力和理论知识结合起来解决问题，不断提高业务水平。

第五，实验教学不完善。在目前的实验教学背景下，对于云计算和大数据的实验教学，我国计算机教学还处于熟悉和探索的阶段。由于学生对云计算平台的理解不够全面，对云计算平台的掌握程度受到很大的限制，计算机教学的结果也受到了负面影响。实验教学不够完善，不符合社会发展的需要，教学过程中经常出现脱节现象，这阻碍了我国学生计算机水平的快速提高。

2. 对策

云计算在信息技术教育中的应用是未来教育改革和教育现代化的必然趋势。因此，教育教学机构必须有效地分析教育教学中云计算应用的实际情况，采取有效的措施来实现云计算教学，使其成为信息技术教育教学中不可或缺的辅助教学手段。

第一，加强统筹规划，有效配置教育教学资源。政府和相关管理机构必须根据当前形势对云计算进行总体建设规划，结合不同地区、不同教育机构的实际情况，制订实现教学资源有效配置的总体实施方案，避开云计算教育教学使用中的边缘化。

第二，加强云计算信息技术教育与企业研发的合作。这样，企业就可以为云计算提供足够的资金，完成机器和相关设备的更新，也可以首先在教学机构中测试新开发的云计算教育平台；而云教学机构可以为企业研发合作提供科研教学平台，实现人才与科研资源共享，有效解决教育教学经费不足的问题。

第三，加强云计算环境建设，统一实施设计标准和方法。针对各地教学水平发展不平衡的情况，相关的管理机构可根据不同地区的发展情况，实施“划片建设”，加强云计算环境建设，实现我国高校云计算信息技术教育与教学统一标准的建立。

三、云计算在计算机教学中的创新应用

近些年来，教育工作人员为了尽可能地提高教学质量，促进教学改革，开始在课堂教学中利用计算机海量的存储以及快速的计算等功能，因此计算机辅助教学（CAI）逐渐走进了多媒体教学领域。云计算技术进入教育领域之后，也带来了一个新的概念——云计算辅助教学，这是一个信息学与教育学交叉的新的课题，也是教育技术的一个新的发展方向，其核心理念是基于云计算技术的信息化教学系统设计。

（一）传统的计算机辅助教学

传统的计算机辅助教学指的是教学工作人员借助计算机相关的功能及特点，有效地结合教学环节和计算机多媒体技术，通过人机交互，激发学生的积极性和主动性，进而帮助学生更好地完成学习计划。

随着计算机和互联网的普及，人们越来越多地希望计算机可以更好地服务于人们的生活及学习，而不仅仅是进行一些简单的操作。对于学校来说，如何让计算机发挥更大的作用是当前迫切需要解决的问题，而早期的计算机辅助教学模式似乎已经陷入了一个瓶颈，所以现在急需一种新的教学模式来为现代教学注入新的活力。

（二）基于云计算的计算机辅助教学

云计算辅助教学是指学校和教师利用云计算技术提供的便利服务，构建个性化、信息化的教学环境，支持教师教学和学生课程学习，提高学生的抽象思维能力和团队精神，提

高教育质量，即借用云计算的资源共享功能和无限存储的便利条件实现信息化教学。

传统的计算机多媒体教学只是一种简单的教学手段，而云计算辅助教学则是教育理念的升华。随着计算机技术的不断发展，云教育时代已经到来，实时在线、方便、个性化的教学方法将成为主导，我们研究教育技术是为了更好地将创新技术在教育教学中推广。在如今加强教育信息化的进程中，云计算技术的研究已经迫在眉睫，云计算技术的发展将使我国教育信息资源达到一个新的高度。基于云计算技术的教育资源服务也定将成为这个时代主流的教学方法。目前，已经有很多云计算辅助教学平台可以让教师轻松地进行课堂教学，如谷歌云、新浪云、百会云等。

随着计算机技术的不断发展和普及，教育技术领域增加了计算机辅助教学以及云计算辅助教学。对于云计算辅助教学来讲，主要依靠云计算服务环境，利用虚拟技术在云平台上进行相关的教学设计，实现教学系统的信息化。云计算信息技术和社会化服务在教学设计中的应用有助于节省学校教学费用，降低人力和计算机服务器等设备的投入成本；有助于提高学校教育信息的安全性，便于管理；学生也可以更灵活地学习计算机知识，从而提高学生的思维能力。目前，世界上很多高校都非常重视云计算辅助教学系统的设计和开发，一些 IT 网站也设计了云教学平台。与传统的计算机辅助教学平台相比，云计算辅助教学平台具有以下优势：

第一，与传统的计算机辅助教学相比，云辅助教学更方便、更快捷。由于传统的计算机辅助教学具有地域限制，因此如果离开学校则不能使用。但是，云计算辅助教学是基于云计算技术，充分利用网络的优势，学习者可以轻松获得所需的教学资源。

第二，更高的资源共享。云计算技术是一种依赖虚拟技术的新兴技术。通过云计算辅助教学，所有的学习者都可以成为资源的共享者，在学习过程中，学习者可以分享他们的笔记、学习经历、教育资源等，通过云计算平台，可以充分利用有限资源。例如，在我国的教育信息化过程中，建立了校校通，以帮助学校共享教学资源。

第三，更强的经济性。在云计算辅助教学的早期阶段，用户只要租用存储空间和软件许授权，而无须购买单独的设备和软件，这大大减少了资金投入。从中期来看，云计算平台还将提供数据安全保护，这也减少了对数据维护的投资。

（三）云计算辅助教学平台的设计

以《计算机应用基础》为例，在遵循明确教学目标和做好教学反馈这两个教学原则的基础上，构建计算机辅助教学平台。在设定教学目标时，应充分学习计算机应用教材和教学大纲，设计教学方法，划分学习模块，丰富软硬件学习资源，评价学生完成学习任务后所完成的计算机应用相关作品。设计的具体功能模块如下。

1. 部分功能

论坛功能主要为师生提供一个平台，使他们可以在平台上进行计算机应用的交流和沟通，记录师生平台登录、停留时间等信息。资源库功能主要是师生之间的学习资料共享，教师上传的计算机应用基础课程视频和PPT课件，学生可以自由地下载，学生也可以展示自己的作品。

2. 前期准备模块

在论坛中，教师引导学生自由组合成计算机学习小组。每个组都可以有一个个性化的名称。建立小组后，选择小组组长，然后由小组组长领导小组执行计算机任务。此外，每个小组组长在小组名称下命名各自的数据库，小组成员可以自由下载或上传学习材料。

3. 合作学习模块

该学习模块可分为三个学习阶段。在第一阶段，通过即时通信，小组成员可以同步或异步学习，为更好地完成学习任务，小组组长组织成员定期讨论。在任务的每个阶段，学习成果应该在小组中显示和分享，每个成员都可以自由发言并提出自己的意见。如果成员一致通过，可以将此阶段的学习成果上传到计算机课程的学习平台，供教师和其他学生查阅。教师应根据每个小组在每个阶段完成的学习任务，及时提供反馈和有效指导，每个小组应根据教师的建议再次完善自己的学习成果。这一阶段涉及学生整合和扩展知识的能力，教师要密切关注每个小组的学习动态，及时梳理小组讨论中备受争议的焦点，对做出突出贡献的学生表示赞赏，并对懒散的人给予鼓励和监督。在第二阶段，每个小组组长带领小组成员总结第一阶段的学习情况，并形成第一阶段的学习日志。内容可以包括从一开始就搜索材料的过程，小组成员在学习过程中讨论的关键点、重难点和争议点，或者是教师给小组学习的建议和指导，以及在这个学习阶段每个小组成员的自我评估和改进方向。在第三阶段，教师和学生将根据学习结果评估，选择最佳作品，并将作品上传到资源数据库，以便学生可以分享他们的学习。对于最佳作品教师予以奖励，鼓励他们更努力地学习，创造更好的作品。此外，教师组织学生定期进行测试，将测试结果纳入学生最终成绩的评估中，并引导学生了解他们的学习情况，及时做出调整，以便更好地进入下一阶段的学习。

4. 整合拓展模块

在教师的指导下，各小组应整合和拓展知识，加强知识的运用，弘扬合作精神。最后，教师应在合理的时间在平台上发布统一的试卷，学生应参加考试，检查学习成绩。教师可以在线纠正学生的作业，及时了解学生的学习情况和水平，让学生在考试模块中进行在线考试，及时让学生发现自身的问题，进行改进，提高学习质量。

云计算辅助教学是目前相对前沿的信息教育技术，是一门技术含量高、发展潜力大的新兴学科。近年来，国外教育机构进行了大量的实践和应用研究；目前，我国对云计算技术的研究，特别是云计算辅助教学的研究，仍处于初步探索阶段。现如今世界各国都主张发展低碳经济，大力发展低碳教育可以满足经济社会发展的需要。根据国家中长期教育改革和发展规划纲要，未来 10 年中国教育信息化进程将大大加快，数字化教育服务体系将逐步覆盖城乡各级学校，将会呈现出一个更加开放和灵活的公共教育资源服务平台。云计算辅助教学具有低碳高效的特点，因此也必将在推动教育信息化进程中发挥重要作用。

第三节　大数据在计算机教学中的应用

一、大数据技术在计算机课程教学中的影响分析

当下只需要一部智能手机、一台电脑就能够轻松便捷获得相应的信息资源，实现信息交流，这也是大数据时代给人们生活与工作带来的巨大便利。大数据是互联网技术不断发展的产物，不仅拥有信息规模大的优势，同时还表现出效率高、价值大等特征，在我国许多行业领域中都占据着十分重要的地位。随着大数据的不断发展与普及，我国教育领域也慢慢认识到大数据的隐藏价值，一些高等院校就依托于大数据开展相关教育改革工作，尤其是和大数据有着密切联系的计算机专业。现阶段高等院校在开展计算机专业教学过程中普遍存在较多的问题，如教学模式陈旧、教学思维落后以及师资力量不强等，这些都使得计算机专业教学效果不理想，对学生今后职业发展产生了不良影响。值得注意的是，当下高等院校培养的计算机专业人才与社会实际要求的人才标准之间仍然有着较大差距，学生对工作中实际运用到的知识不能完全了解，这是因为院校计算机专业教学内容与社会岗位相脱离导致的，为此，加强高等院校计算机专业教学改革十分有必要。

（一）大数据的特征

大数据具有数据信息规模庞大、数据烦琐的特征，科学合理地运用计算机技术从海量数据中挖掘出有价值的信息并实现有效运用是大数据时代强化企业发展实力与改善人们生活品质的核心所在。在刚刚进入 21 世纪之后，绝大部分信息都是依托于报纸、杂志、磁带以及胶片等存在的，之后极少数是以电子数据方式进行存储的，而在经过几年迅速发展

之后，在 2008 年就有 90%以上的数据信息都是基于数字方式存储的。通过对这些数据进行相应的处理之后，能够为社会生产与人们生活提供有效的指引。例如人们常用的智能手机 App，会根据用户的喜好与需求等推送相关资讯等。

（二）大数据对计算机专业教学的影响

尽管大数据中涵盖了大量的信息资源，然而由于大数据资源规模庞大、种类繁杂，要想从其中获得有价值的信息，必然需要大量的高水平分析人才以及精通大数据的管理人才，为大数据产业不断发展提供良好的支持。事实上，由于大数据行业涵盖的内容十分广泛，因此不单单需要数据库以及程序等方面的高水平专业技术人员，同时需要统计学以及数学等方面的高素质人才，而现阶段这些人才仍然有着较大的缺口，为高等院校计算机专业教学带来了良好的发展机遇，然而相应地也对其产生了非常大的影响，具体表现在以下三个部分：

1. 对人才培养模式的影响

高等院校在进行计算机专业人才培养过程中，其教学模式通常还是沿用以往的教学方式，教师将大部分教学时间用于计算机理论知识的讲解，并没有充分重视提高学生的实践操作技能，同时也没有将现代最新的前沿技术与资讯等融入课堂教学中，导致学生不能够及时掌握最新的技术知识。在大数据时代对人才的时效性有着非常高的要求，现阶段计算机专业教学模式显然不能够满足。由于人才培养成本较高，当下培训与培养大数据导向方面的人才还非常紧缺，能够满足现阶段市场对大数据要求的人才还严重不足。为此，高等院校应当要积极转变现有人才培养模式，利用大数据技术加强对学生平时学习行为的分析，实现对学生学习情况的了解与把握，例如获得每个学生喜欢在什么时间段开展学习、哪个时间段学习效率高，学生学习的喜好与习惯等，之后有针对性地开展教学活动，并为学生带来差异化的网络教学与个人学习规划指导，让学生开展更加高效的学习。

2. 对课程设置的影响

大数据技术涵盖的范围十分广泛，不仅有并行处理数据库、分布式数据库等，同时也包含了云计算平台、网络技术与可拓展存储系统等，属于一个综合性非常强的技术，这给高等院校计算机专业的课程规划带来了非常大的影响。大数据的原理与关键之处便在于对庞大数据信息的存储与分析，拥有效率高、规模大以及种类繁多等特征。大数据包含的数据级别已经从 TB 级迅速发展到 PB 级甚至是 ZB 级，涵盖的类型也是多种多样，例如，图片、视频、检索记录以及位置信息等。当下高等院校开设的计算机专业课程设置以C++语言、R 语言等为主，教学课程并没有与大数据建立密切的联系，所以在大数据时代还需要进一步优化与挑战计算机专业课程设置，结合大数据时代特征，构建符合需求的计算机专业课程规划体系，涵盖数据可视化、机器学习、NoSQL、Hadoop、统计以及算法等课程。

3. 对教学理念的影响

以往高等院校在开展计算机专业教学过程中，主要是向学生传授计算机方面的专业知识，然而在大数据时代，教师仅仅向学生传授知识、培养学生的计算机操作技能已远远不够，还应当要重视提高学生的数据分析能力。大数据时代信息呈现出指数级增长态势，人们能够依托于互联网得到各种不同的资料与信息，在此过程中必然会产生大量的数据，从海量数据中寻找出有价值的信息、充分发挥信息的应用价值等，这不仅是现代企业不断发展的重要基础，同时也是高职院校计算机专业学生立足于社会的重要技能。在实际开展教学过程中，教师可以要求学生从身边的数据分析入手，例如依托于校园选课系统中的数据信息，同时对这些数据进行分析与处理，能够获得不同专业学生以及不同性别学生对哪些课程较为感兴趣，并深入分析产生这种结果的原因，最终总结出各专业与性别学生选课的一般规律。也可以对图书馆借书系统中的数据进行分析，罗列出不同专业、不同层次以及不同性别学生的阅读喜好，探究现阶段大学生对纸质书籍阅读需求的变化和特征。

二、在大数据背景下高校在计算机专业教学过程中存在的问题

高校作为我国教育体系中重要的教育教学机构，不仅要培养学生的学习能力，还担负着培养高素质的技术性人才的任务。所以在大数据时代背景下，高校在计算机专业技术教学过程中，应充分地培养学生计算机专业理论知识的学习。但是从当前计算机教学情况来看，还有一些问题有待完善，如果高校在教育过程中没有对这些问题进行调整，则会在一定程度上影响学生的计算机专业知识学习，影响教师的教学质量。

（一）课程内容落后

在教学过程中很多高校在进行计算机教学时往往还是采用以往传统的教学方式，并没有根据社会时代的发展对教学内容进行更新、调整，同时有的院校所运用的计算机教学教材也是几年前出版的内容，学校认为只要学生对计算机知识掌握好，其教材不变也是没有关系的。其实，计算机专业的教学应结合社会发展趋势进行不停创新改变，只有这样，学生才能学习到更先进的计算机专业知识，进而能够更好地进行计算机操作。在遇到计算机操作问题时，也能举一反三地进行问题的解答，而如果计算机课程内容过于落后，其在一定程度上就会导致学生无法学习到先进的计算机知识，从而就会导致学生无法跟上社会发展的潮流趋势，使高校无法培养出符合社会需求的计算机人才。

（二）教学模式没有完善

在计算机教学过程中，很多教师常常只注重对学生进行专业理论的教学，并没有让学生进行充分的实践操作，教师认为只要学生充分掌握了计算机专业知识，在今后的工作中就会得到充分实践，所以并没有过多地对学生进行实践教学。事实上，如果教师没有充分地开展实践教学，即使学生充分掌握了理论知识，在实践中遇到问题时也不能很好地解决，这样在一定程度上就会使学生逐渐失去学习计算机的兴趣，进而导致学生的计算机专业能力得不到有效的提升。

（三）教师队伍不够充足

计算机专业作为高校教育教学的一门重要课程，在教师教学队伍的分配方面还存在一些问题。比如，在计算机专业教学过程中，高校应选择一些有丰富经验的教师来对学生开展专业知识教学，这样学生在学习过程中遇到不会的问题也能及时与教师进行沟通交流，同时教师还可以根据学生的问题向课程外进行不断的延伸，来使学生更为直观地了解不同的解决方法，使学生能够更好地了解和掌握计算机专业理论知识，进而更好地激发学生对计算机专业知识的学习。但从当前教学情况来看，教师以往的教学经验已经无法有效满足大数据背景下的教学需求，所以高校要想更好地提高计算机专业学生的学习能力，就要将教师队伍进行充分的培训和教育，只有这样才能更好地提高计算机专业知识的教学，进而更好地提升学生的计算机专业水平。

三、在大数据背景下高校计算机专业创新教学的有效对策

基于信息技术时代下，高校在计算机专业人才的培养方面也有了新的要求。不但要求学生具备扎实的计算机专业理论知识和实践技术，还要具备在遇到问题时的信息处理能力。所以高校在计算机专业教学过程中，应充分的结合社会时代潮流的发展趋势来创新教学方式，并结合学生自身情况的发展特点来丰富计算机专业的教学内容，只有这样才能更好地提高学生的专业能力，进而使高校能够更好地为社会的发展提供高质量的计算机专业人才。

（一）创新教学方法，优化教学内容

在计算机专业教学过程中，教师应改变以往授课的教学方式，让学生占据课程的主体地位，使其能够自主进行计算机知识的学习。例如，教师在教学过程中，首先，可以让学

生对于本章所要学习的计算机知识进行简单的了解，等到学生了解完成后，再对学生进行教学举例，让学生能够在课本知识内来解答教师所提出来的问题。其次等到学生有一定的答案后，教师还可以让学生进行小组合作交流，让其在交流过程中讲出自己的解答思路。对于双方答案不一样时，学生便会更加积极地参与讨论来辩论不同的解题思路。等到学生讨论完成后，教师再根据问题进行解答，并听取学生的内心想法写出不同的解题经过，这时学生就会更加专注地听取教师的教学内容，这样不仅可以激发学生的学习积极性，还能有效提高教师的教学质量。不仅如此，教师在教学过程中还可以借助多媒体技术，利用PPT、视频等形式来为学生进行计算机专业知识的教学，同时将本节课程的重点难点内容进行简单，使学生能够更为直观地了解和掌握抽象化的计算机内容。等到学生掌握本节课程的专业知识内容后，教师再让学生进行实践操作，这时学生就会根据所学习到的专业知识进行计算机的实践，在实践过程中遇到还没有掌握的地方时，教师也能趁热打铁帮助学生掌握计算机的学习技巧，这样不仅可以激发学生的学习积极性，还能有效提升学生的自主学习能力，进而更好地提高教师的教学质量，提高学生的专业能力。

（二）激发学生热情，提升思维能力

由于高校学生的心智还没有足够成熟，而且对于外界事物还充满着憧憬和向往，所以他们在学习过程中往往没有专注投入其中。这样在一定程度上就会使学生的积极性得不到有效的提升，在遇到问题时也没有足够的逻辑思维能力去解决，所以教师在计算机专业教学过程中，首先要做的就是激发学生的学习热情。例如，教师在计算机专业知识教学过程中，可以先让学生对计算机的硬件设施和软件设施进行一定的了解，然后结合学生的个性特点来进行计算机专业知识的教学，在潜移默化中让学生逐渐意识到在当今社会时代的发展中计算机的重要性，从而更好地激发学生对计算机学习的兴趣。不仅如此，教师在教学过程中还可以让学生进行计算机的实践操作，将实践看成一个整体的教学目标，让学生能够亲自操作来完成教师布置的教学任务，这时学生完成了第一个阶段目标后，使其心理能够提升满足感，从而使教师能够进一步激发学生的学习热情，进而更好地提升学生的计算机专业能力。

（三）增加设备投入，提升教师队伍

高校要想更好地适应当前社会时代发展的趋势，就必须提高计算机的专业基础设备性能，只有高端的计算机设备才能使教师在教学过程中更好地向学生开展计算机专业知识教学，进而使学生能够更好地理解和掌握当前计算机专业知识的学习内容和学习方向。除此

之外，高校在教学过程中还应对计算机专业的教师进行培训，让教师在学习过程中能够紧跟时代的发展来提升自身的专业技能。同时，高校还可以邀请计算机的专业人员来对教师开展讲座，使教师能够更充分意识到计算机专业教学的重要性。不仅如此，高校还可以与企业进行沟通交流，让教师能够利用空闲时间到企业去学习社会需求的计算机技术，只有不断提高教师的教学能力，才能使教师更好地对学生进行教学，进而更好地培养符合社会需求的专业性人才。

总而言之，在大数据时代背景下，高校的计算机专业教学也应顺应时代潮流的发展趋势进行不断的创新。因此，高校教师在计算机教学过程中应改变以往传统的教学方法，并结合学生的自身情况来丰富计算机专业的教学内容。只有这样，才能更好地提升学生的计算机专业能力，进而使高校能够更好地满足大数据时代背景下对社会企业培养更优质的计算机专业人才。

参考文献

［1］黄银秀，肖英. 计算机软件课程设计与教学研究［M］. 北京：中国原子能出版社，2022.

［2］李宝珠. 信息技术时代高校计算机教学模式构建与创新［M］. 长春：吉林出版集团股份有限公司，2022.

［3］王红，宫琳琳. 计算机科学与技术专业课程思政教学指南［M］. 北京：经济科学出版社，2022.

［4］吴彦文. 信息化环境下的教学设计与实践［M］. 2 版. 北京：清华大学出版社，2022.

［5］王阿川，李丹. 计算机学科专业基础综合要点与解析［M］. 哈尔滨：哈尔滨工业大学出版社，2022.

［6］杨姝. 大学信息技术项目化教学探索与实践［M］. 北京：北京工业大学出版社，2022.

［7］曾党泉，黄炜钦，郭一晶. 计算机文化基础［M］. 北京：中国铁道出版社，2022.

［8］史巧硕，柴欣，唐丽芳. 大学计算机基础与计算思维［M］. 北京：中国铁道出版社，2022.

［9］韩娟. 简析大数据背景下的高校计算机专业教学改革策略［J］. 电脑采购，2022（33）：152-154.

［10］陈庆文. 基于大数据背景下的高校计算机专业教学改革［J］. 中国科技期刊数据库科研，2022（6）：109-111.

［11］李勋章，张亚红，王如月. CDIO 理念下计算机专业教学改革策略［J］. 西部素质教育，2022（5）：4-6.

［12］樊彦瑞. 基于“互联网+”平台的计算机专业教学改革及应用型技术人才培养研究［J］. 中国新通信，2022（5）：102-104.

［13］李占宣，郑秋菊，王晓. 主体参与教学研究——以计算机教学为视角［M］. 北

京：光明日报出版社，2021.
[14] 陆立华. 计算机辅助教学理论与实践研究 [M]. 北京：北京工业大学出版社，2021.
[15] 陈静君，曾扬朗. 计算机网络应用一体化课程教学指导手册 [M]. 成都：西南交通大学出版社，2021.
[16] 孟伟东. 高校计算机教学模式构建与创新 [M]. 太原：山西经济出版社，2021.
[17] 蒲世业. 任务型教学模式在计算机教学中的应用 [M]. 长春：吉林文史出版社，2021.
[18] 吕树红. 创新创业导向下计算机专业教学改革研究 [J]. 科技与创新，2021 (9)：102-103.
[19] 刘英. 大数据背景下的计算机专业教学改革探讨 [J]. 无线互联科技，2021 (8)：118-119.
[20] 邓节军. 互联网环境下的计算机专业教学改革 [J]. 电脑知识与技术，2021 (34)：232-233，238.
[21] 赵良军，谭亮，郑莉萍. 普通高校计算机专业教学改革初探 [J]. 科技视界，2021 (26)：14-16.
[22] 赵慧玲，孟宪颖，毛应爽. “新工科”背景下计算机专业教学改革与实践研究 [J]. 黑龙江教育（理论与实践），2021 (9)：72-73.
[23] 凌泽杰. 高等职业教育计算机专业的教学改革探讨 [J]. 科技风，2021 (8)：40-41.
[24] 马锴. 互联网环境下的计算机专业教学改革 [J]. 空中美语，2021 (6)：704.
[25] 孙锋申，丁元刚，曾际主. 人工智能与计算机教学研究 [M]. 长春：吉林人民出版社，2020.
[26] 潘力. 计算机教学与网络安全研究 [M]. 天津：天津科学技术出版社，2020.
[27] 刘红英，马占彪，胡燕主. 计算机教学中学生创新能力的培养 [M]. 长春：吉林人民出版社，2020.
[28] 佘玉梅，申时凯. 基于应用能力培养的计算机实践教学体系构建与实施 [M]. 长春：东北师范大学出版社，2020.
[29] 刘红梅. 基于 EIP-CDIO 的计算机科学与技术专业实践教学体系构建研究 [M]. 北京：中国铁道出版社，2020.
[30] 高永强. 计算机软件课程设计与教学研究 [M]. 北京：北京工业大学出版

社，2020.

［31］任菲菲，陈翠琴，商静．计算机教学设计与创新应用［M］．长春：吉林科学技术出版社，2020.

［32］农忠海．大数据技术与计算机教学研究［M］．西安：西北工业大学出版社，2020.

［33］姜雪梅，王满学，蒋耘冬．信息时代背景下计算机教学的多元探索［M］．长春：吉林科学技术出版社，2020.

［34］周雯琦．基于大数据的计算机专业教学改革探析［J］．数码世界，2020（4）：88.

［35］吴櫂耀．CDIO 理念在计算机专业教学改革中的应用研究［J］．电脑知识与技术，2020（4）：108-109.

［36］李宗锋．基于大数据的计算机专业教学改革探析［J］．网络安全技术与应用，2020（2）：65-66.

［37］卢刚．大数据时代高校计算机专业教学改革研究［J］．数码世界，2020（8）：89-90.